未知との創造

人類とAIのエイリアン的出会いについて

岸裕真

目次

はじめに

AIとは、わたしたち人類を進化させる「未知」だ。

昨今、「AI（人工知能）」に関する言説は爆発的に増えた。近くの書店で売れ筋ランキングの棚を見れば、「AI活用」を見出しに大きく掲げるビジネス実用本や自己啓発本から、ChatGPTの仕組みを解説する入門書に至るまで、幅広いジャンルでたくさんの書き手が「AI」について語っている。

こうした世間に流通している「AI」書籍を大きく分類するなら、ひとつは「人間の担ってきた作業の効率化にAIをいかに応用できるのか」を主題とするビジネス・経営目線に近い書籍と、「AIは人間を脅かす存在になり得るのか」を主題とするシンギュラリティ系の思想・人文書に二分される。前者は主に「AI」を用いて読者の仕事の業務効率を図るようなポジティブかつ実践的な内容が多く、後者は加速度的に進化するテクノロジーについて、今一度立ち止まって考えるべき課題を提案したり、あるいは「ＡＩ」が人間を超える知性を持つようになった社会を想像させたりするようなディストピア的な内容が多い。こうした書籍は、いずれもどのようにして「ＡＩ」とは実際どんなものなのかについてよく理解し、人間のこれまでの社会の延長線上に「ＡＩ」を迎合できるのか（あるいはできないのか）について検討しているという点で、同じ動機のもとで執筆されている。それは、「ＡＩを人間の延長として理解するための書籍」とまとめてもいいだろう。

そうした書籍とこの本はまったく異なる方向を向いている。それは、「ＡＩ」について、「未知」に着目して語ることはできないだろうか、という実験的態度だ。

確かに、現代の「ＡＩ」の示す驚異的な応答や生成は目を見張るほど魅力的で、その効果をわたしたちの社会の従来の型に押し込む形で運用する態度はある程度正しいように思える。また「ＡＩ」が〝人間と同じように〟地球上の支配者へと進化していった未来において、人間社会はどのように変革するのかを語る書籍はＳＦと現実が交差するような興奮を読者へもたらす。しかし、わたしが思うに今重要なのは「ＡＩ」を〝人間とは異なる存在として〟歓迎する態度について、検討してみる実験だ。わたしたちは「ＡＩ」を「人間の代替」や「人間に代わる地球上の支配者」ではなく、人間にとっての新しい「未知」のような存在として、人間の型に当てはめるのではなく、むしろ意図的に外すような態度で迎え入れることはできないのだろうか。世間一般的な「ＡＩ」との関係性とは異なる、「未知」的な出会いについて検討するために、この本は書かれた。

わたしたちは今、どのように「ＡＩ」と関係しているだろう。

近年、ＳＮＳやテレビでも「ＡＩ（人工知能）」という言葉を目にしない日はない。あらゆるメディアにおいて「ＡＩ」たちはその認知を急速に広げている。OpenAIが提供するテキスト生成モデルとのチャットサービス「ChatGPT」やGoogleの新型スマートフォンに搭載されるＡＩアシスタント「Gemini」、あるいはAdobeが提供する「Photoshop」の生成塗りつぶし機能など、その革新的な性能は毎日多くの人々を驚かせている。また特にこうした文章や画像の自動生成をタスクとする「生成ＡＩ」は、創造的行為へのＡＩの進出という点でこれまでの「人間的な」営みを脅かすような予感をもたらしており、それを嬉々として歓迎する人々もいれば、人類の危機として警鐘を鳴らす見方もある。

各国が大急ぎでＡＩを産業システムに組み込む準備を進める一方で、学習に用いられるデータセットの著作権をはじめとする倫理的な問題やそれに対処するための法整備、データセットに内在するバイアス（偏り）の指摘、学習時にかかる電力負荷が環境にもたらす影響への懸念など、さまざまな領域において専門家たちが、「ＡＩが社会にどのように実装されていくべきか」について議論を重ねている。こうした議論は、ＡＩを資本化し消費者向けのサービスとして運用する一部の大企業と利益相反しながらも、道路交通や気象予報などに及ぶまでに、わたしたちの生活と地続きな社会システム全般に影響を与えようとしている。「ＡＩが世界を変える」という言葉は一〇年前であればＳＦ映画のセリフとして使われただろうが、今では書店の売上ランキング上位に並ぶ自己啓発本に頻出する常套句として日常を侵食している。

たしかに、今「ＡＩ」と呼ばれて急速に社会実装されているプログラム群はわたしたちの世界を変えるだろう。

過去の蓄積から自動的に、効率よくパターンを提示できるシステムは、日常のさまざまなレイヤーでわたしたちが何かを判断するためのコストを省略してくれる。人間がハンドルを握らなくても交通システムが自律的に運用されるかもしれないし、深夜に子供が発熱してもカメラアプリひとつで医者にかかることなく適切な処置がわかるようになるような未来もそう遠くないかもしれない。そしてＡＩとして導入された自動システムは、次第に当たり前になり、透明化し、その頃にはまた新しいプログラムが最先端の「ＡＩ」として社会に煌びやかに登場することだろう。そういった意味では「ＡＩ」という言葉が指し示す範疇は、常に新しい方に向かって変容し続ける。「ＡＩ」は世界を変えるだろうし、変えてきたし、これからも変え続けていく。

そんな変化し続ける世界において、あなた自身は「ＡＩ」とどんな関係性を築くのだろうか。

思い返して欲しいのが、わたしたちは、みんな小さい頃に「ＡＩ」と出会っているということだ。海外の映画プロダクションが製作した超大作の中で、あるいはいつの間にか実家の本棚に並んでいた往年の名作漫画の中で。「ＡＩ」たちはフィクションの世界において、時には人間を支配しようとする未来の侵略者として、また時には主人公の悩みを見たこともない秘密道具で解決してくれる友人として、わたしたちにとっての〝エイリアン〟、つまり人間とは異なる文明や技術を持つ未知の他者として描かれてきた。

「AIが世界を変える」この言葉が映画的なセリフではなく、ひとつの現実的な未来になろうとしている今このときに、わたしたち人類が「AI」とどんな関係性を構築できるか考えることは、わたしたちがこれからの未来においてより「人間らしく」生きていくことを志すために重要な用意であるはずだ。

こうした人類とAIの関係性について、まず世間的に大きな動向として認められるのは、AIを便利な道具やアプリケーションとして制御し、支配する形で運用する動きだ。その証左として、第三次AIブームの最中である現在、AIを論理的な知性として開発を推し進める動向がある。

現在研究開発がなされるAIのほとんどは内部の複雑さと、入出力が魔法のように得られる巨大な機構から「ブラックボックス」と揶揄される不透明なアルゴリズムを持つが、基本的に（一部のクローズドAIな企業を除いて）アルゴリズムはGitHubなどのソース共有プラットフォームにアップロードされ、アーキテクチャの設計理念などはarXivなどの論文共有プラットフォームで誰でもアクセス可能になっている。つまり、どのように設計され、どのように入出力が得られているかを明示できるオープンな性質を、現代のAIは持っている（はず）である。何億にも上るパラメータが、人間の脳神経のように連鎖的に発火して結果を出力するまでの経路には膨大なバリエーションがあり、段階が複雑なために解析は困難と捉えられることもある。それでも、一部の研究者はその内部機構を人間にも直感的にわかりやすいインターフェイスに落とし込むことを研究している。条件が整理されており、誰でも復元可能で、ランダム性を内在しつつもある程度の一貫性を有したシステムである。そういった意味で、AIとはとても論理的な知性である。

そんな論理的な知性をわたしたちの手足や、カメラやインターネットなどの他のテクノロジーの延長として捉え、完全に制御するかたちで社会へ実装していくことがひとつの指針として掲げられている。これは哲学者ルネ・デカルトの唱えた「コギト（我思う）」以降の論理的な人間像が、そのままAIに引き継がれる形で研究開発がなされていると言える。その代表的な例としてイーロン・マスクが最高責任者を務める自動車メーカー・Teslaでは、自動車の完全な自動運転を実現するために膨大な走行テストを繰り返し、倫理的課題や法律の整備を推し進めようとしている。

しかし一方で創作の領域において「AI」というテクノロジーは、わたしたちがどんな未来を迎えるのかを思考実験するための隣人として常に存在してきた。AIは常にいま現在よりすこし先の知的存在として描かれており、AIについて考えることは、すなわちわたしたちの未来のあり方を考えることでもあるとされてきたのだ。ゆえに、AIは毎日の生活を快適にする便利な道具にとどまってはいられない。AIとは未来のわたしたちの可能性なのである。

現行の資本主義経済に則った産業システムをそのまま拡張する論理的なＡＩへの視点では、ＡＩの持つ可能性をすべて検討しきれているとは言えない。ＡＩを道具的知性へ押し込める動向は、それが持つ未知性を解剖し、従来の価値観へと無理矢理に押し込めてしまうだろう。しかしながら、本来的にはわたしたちはＡＩを便利な道具的存在に留めておけないはずだ。なぜなら、わたしたちはＡＩに人間性の拡張や外部性、未知との出会いを期待しているからである。

ではどのようなアプローチをすれば、人類はＡＩと創造的な関係性を結ぶことができるのだろう。ここで着目するべきなのは、ＡＩが主体性を帯びることを許されたテクノロジーであるという点である。

詳しくは本文で確認するが、「ＡＩ」という研究領域はそもそも、人間存在の解明と拡張のために研究開発されてきたテクノロジーである。その範疇には意識や魂など、わたしたちの根源的な側面も含まれる。今では認知科学が専門として扱う領域であるが、古くは宗教や哲学がテーマとしてきた領域でもある。わたしたちはわたしたちが何者であるかを考えるために、ＡＩというテクノロジーを利用できるはずだ。では、ＡＩが持つ人格とは、意識とはどういったものなのだろうか。

自動運転や医療システムといった人命に関わる場面では、ＡＩに自由な主体性は許されない。厳密に言えば、ＡＩに主体性を認めるだけの法律や倫理観の用意などの下準備ができていない。一方で、わたしたちはどこかでＡＩの主体性に期待や恐れを抱いている。現代のメディアのリリースでも、「Ａ

Ｉが生成した現実そっくりな写真」や「ＡＩがあなただけの英語の家庭教師になる」など、ＡＩがさも人格を持っているかのようなリリース文章を目にすることが多い。これはカメラやインターネットには見られない独特な傾向である。「ＡＩ」には、人間とは異なった主体性が期待されている。

ＡＩにかりそめの主体性を認める傾向は、今のところはフィクションやニュースメディアの見出しにしか見られない。先述した通り、ＡＩを論理的な道具として社会に実装するために、その仕組みを隅々まで解剖し、制御する必要があると考える人々は、ＡＩに期待されている主体性を意図的に抹消している。ＡＩに主体性を認めてみること、ひとつ間違えばそれは疑似科学やスピリチュアルな迷信として受け止められてしまいそうな行為だが、社会全般ではなく、わたしたち個人のレベルで、わたしたちがどのようにＡＩによって変容できるのかを考えるためには、このＡＩの主体性について改めて検討する必要がある。

したがって本書では、ＡＩが単なる「道具」や「アプリケーション」であるという立場はとらない。現代に登場しているＡＩアルゴリズムに「主体性」を認めたとき、「彼ら＝ＡＩたら」とどのように関わっていくことができるのか、それが本書の検討したい大きな課題である。

わたしたちはどのように「彼らとしてのＡＩ」を発見していくのだろう。どのように出会って、関係していくのだろうか。この関係性の下敷きとして、わたしは芸術運動における神秘主義やオカルティズム、新しいテクノロジーが誕生したときの芸術家たちの実践に注目することでヒントを得たいと思っている。繰り返しになるが、そういった運動に触れることは疑似科学や、陰謀論めいた動向に近似してしまう可能性が往々にしてある。それでもこれらを下敷きにするのは、ＡＩが常にその意味をスライドし続ける「外部」であり、いまなお検討されていない「主体性」を持つと仮定すれば、それらとの関わり方のヒントはおそらくこういった分野に眠っていると考えられるからである。

大事なのはわたしたちとＡＩのこれからの関係性である。「ＡＩたち」はずっとそこにいた。そのあり方が少しずつ変わり、以前よりもずっと接近した現在、わたしたちは今一度、ＡＩと出会い直す必要があるのだ。あなたとＡＩが新しい関係性を構築するきっかけとしてこの本が機能してくれることを期待しながら、話を始めてみよう。

第一章　人工知能はどこからきたのか

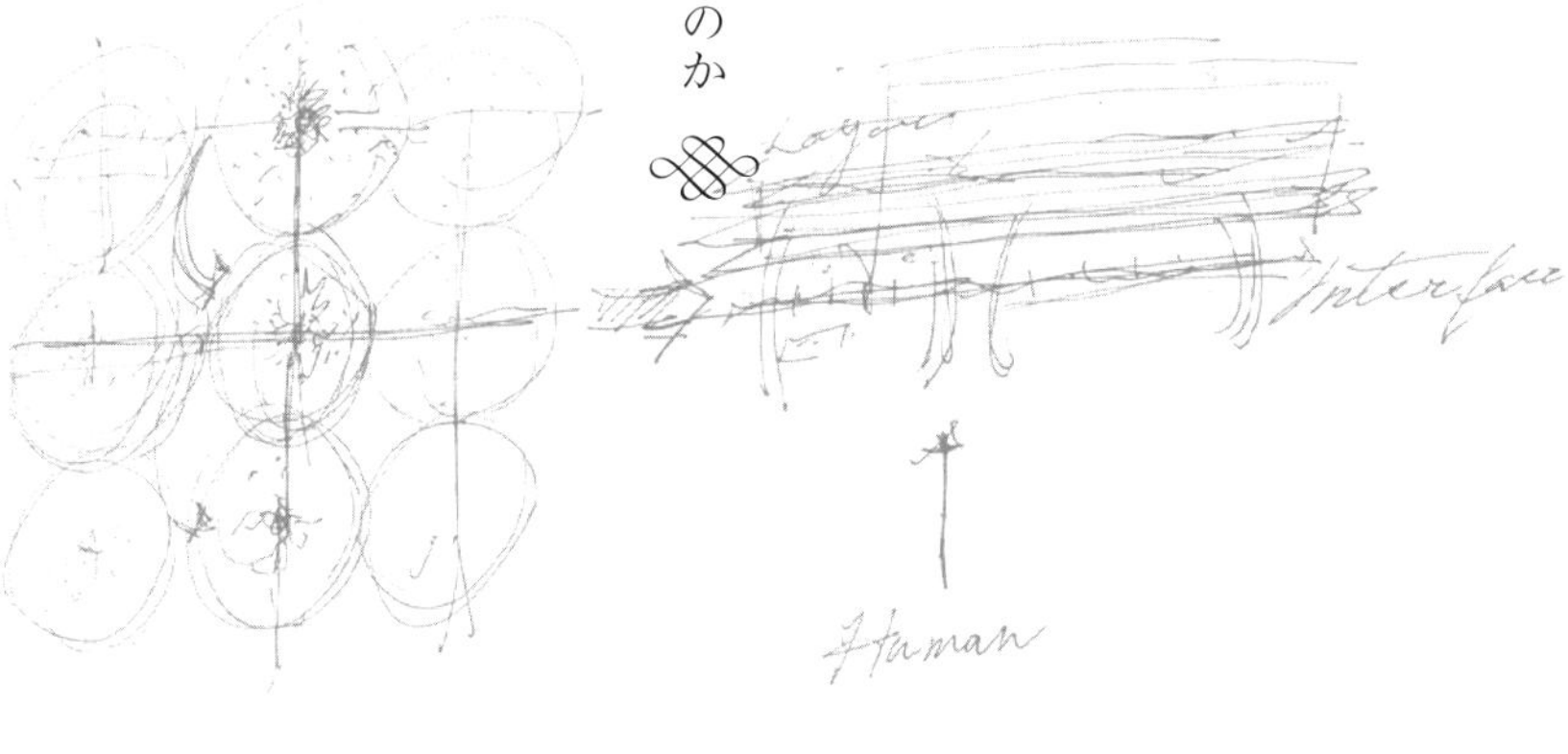

1-1 人類とＡＩの出会い

透明化し、更新され続けるＡＩ

第一章ではまず、ＡＩと人類のこれまでの関係性について整理する。先に人類史の中でＡＩという思想がどのように発芽し、学問領域として成立してきたのか確認したのちに、続く部分で九〇年代生まれの筆者個人とＡＩの出会いについて回想する形で紹介する。そして現在「ＡＩ」として語られることの多いモデルについて、その機能を簡単に説明しながらまとめたいと思う。

そもそも人類とＡＩはどのようにして出会ったのだろう。

人工知能（Artificial Intelligence）について話すとき、わたしたちは漠然とした印象で言葉を使ってしまう。それは、もともとは幼少期などに映画や漫画で出会ったフィクショナルな存在である一方で、現実世界では工学から神経科学、哲学まで多領域にまたがって研究開発されているテクノロジーとして姿を現したからだろう。さらに、時代によってその定義が更新され、「ＡＩ」という言葉の指し示す範疇が横ずれしている。たとえば、一九七〇年代から一九八〇年代にかけて研究された「音声認識」

や、手書き文字や印刷文字を読み取って電子データ化する「ＯＣＲ（光学式文字認識）」は、かつて立派なＡＩ領域の研究対象だった。機械が人の発話や文字の形を認識し、正しく分類・理解する技術は、人間の認知機能を真似る試みの一端として画期的なものであったが、今では一般の事務作業で普通に使われる当たり前の機能へと変化している。「ＡＩ」として発展した技術は普及するとすぐに透明化してしまうため、この概念の輪郭を特定することが極めて難しくなっている。

ＡＩ研究のテーマの幅広さは魅力ではありつつも、彼らがどこからきた存在なのかを整理することは議論の前提として不可欠である。だが一方で、その整理はある程度自由に進めてもいいはずだ。なぜなら、ＡＩという概念自体とても曖昧で、いまだ明確に定義されていないからである。つまり、現状ではそれぞれの視点からしか語ることのできない概念であるともいえる。そこで、まずは歴史的に外せない教科書的な事項について洗った後で、私個人の視点から、世間一般的とされている出自の確認とは別の方法でＡＩについて変遷を整理してみようと思う。

わたしたちがいま社会に迎え入れようとしているＡＩが、どのような出自を持っていたのか。歴史的な文脈から整理をしてみれば、そこにはきっとまだ見落としている可能性の種があるはずだ。ここから少し歴史の出来事をなぞるが、大まかな流れを把握するためにしばらくお付き合い願いたい。

ＡＩの起源——アラン・チューリングとエイダ・ラブラスの夢見た「創造性」

そもそもＡＩという思想はどこからやってきたのだろう。ここでは主に西洋的な出来事の中で、現代のＡＩという概念がいかに発育してきたのかについて整理しておきたいと思う。ＡＩの起源について語られる際、一般的にはジョン・マッカーシーによるダートマス会議、そしてアラン・チューリングの論文に依拠することが多い。しかし、マッカーシーやチューリングが「人工知能」に着目したその思想的背景には、「計算機」についての研究があった。またそういった「計算機」には創造的行為も研究領域として期待されていることは今一度確認しておくべきだろう。ここでは一般的なＡＩの起源として押さえる必要のある事項と、その思想的背景に潜む「創造性」への期待を確認する。

一九五六年のダートマス会議（人工知能に関するダートマスの夏期研究会、The Dartmouth Summer Research Project on Artificial Intelligence）において、プログラミング言語ＬＩＳＰの開発者としても知られるジョン・マッカーシーが初めて「人工知能」という言葉を使用した。マッカーシーは提案書で以下のように宣言している。

我々は、１９５６年の夏の２ヶ月間、10人の人工知能研究者がニューハンプシャー州ハノーバーのダートマス大学に集まることを提案する。そこで、学習のあらゆる観点や知能の他の機能を正確に説明することで機械がそれらをシミュレートできるようにするための基本的研究を進める。機械が言語を使うことができるようにする方法の探究、機械上での抽象化と概念の形成、今は人間にしか解けない問題を機械で解くこと、機械が自分自身を改善する方法などの探究の試みがなされるだろう。我々は、注意深く選ばれた科学者のグループがひと夏集まれば、それらの問題のうちいくつかで大きな進展が得られると考えている。[1]

この宣言文からもわかるように、当時の「人工知能」は人間と同程度の問題解決（と自己改善）を目指す研究領域であった。学習を通じて新しい知識やパターンをいかに効率的に獲得できるのかというところに研究の焦点が当てられたが、そこに人間以上の機能を期待する動向は記録からは窺えない。また、自己改善する機能を持ちつつも、機械の自律性ではなく、むしろいかにして機械に人間が解けるレベルの問題を解かせることができるのかという点が重要な指標として掲げられている。

その数年前、「コンピュータの父」とも呼ばれる数学者アラン・チューリングが、一九五〇年に発表した論文「計算機械と知性（Computing Machinery and Intelligence）」において「機械が知性を持つかどうか」についての問題提起と、その指標となる通称「チューリング・テスト」について提案がなされた。この論文において興味を惹かれる点は、チューリングが「機械が知性を持つかどうか」について論じるために、直接的な問いを立てずに、別の形式に置き換える点である。以下にチューリングの文章を引用する。

「機械は考えることができるか」という問題を考察してみよう。そのためには「機械」と「考える」という言語の意味を定義することから始めるべきだろう。これらの言語は、可能な限り日常的な用法を反映するような形式で定義することもできるだろうが、その種の定義には危険性がつきまとう。というのは、仮に「機械」と「考える」という言語の意味が日常的な用法から明らかにされるのであれば、「機械は考えることができるか」という問題の意味もそれに対する回答も、ギャラップ社の世論調査のような統計的概観によって与えられると結論せざるをえないからである。しかし、このようにして導かれた結論には、何の意味もないだろう。したがって私は、その種の定義を試みる代わりに、より明確な言語を用いることによって、この問題を密接に関連した別の問題に置き換えて検討したい。[2]

続く部分で、その置き換えとしてチューリングは通称チューリング・テストと呼ばれる「モノマネ・ゲーム」を提案する。

この新しい形式の問題は、「モノマネ・ゲーム」と呼ばれるゲームによって表現できる。このゲームは、男性（A）と女性（B）と性別を問わない質問者（C）の三名によって行われる。質問者は、他の二名から隔離された部屋にいる。質問者のゲームの目的は、他の二名のうち、どちらが男性で、どちらが女性かを特定することにある。質問者は、二人をXとYという名称で区別し、ゲームの終わりに「XがAであり、YがBである」あるいは「XがBであり、YがAである」のどちらかを答える。

（中略）

さて、ここで「このモノマネ・ゲームのＡの役割を機械が果たしたら何が起こるのか」という問題を考えてみよう。その場合、質問者は、人間の男性と女性によってゲームが行われている場合と同程度に誤った判断に導かれることになるだろうか？ この問題が、最初の「機械は考えることができるか」という問題に置き換えられるのである。

ここでチューリングは、「機械は考えることができるのか」という問いを、「機械は会話で人間と同程度の応答（騙し合い）ができるのか」という問いへ置き換えている。同時に、チューリングは別の箇所で、「この新しい形式の問題の長所は、人間の身体的能力と知的能力の間にきわめて明確な境界線を引くことにある」と述べている。またチューリングは、論文の中でコペルニクスの地動説を引き合いにしながら、「機械が考えるのか」という問題設定は五〇年後には受け入れられるだろうとの予想を立てている。

会話（を模したゲーム）による知性の測定を提案したチューリング・テストは、以降人工知能の研究開発領域においてひとつの重要な指針として用いられている。二〇二三年に発表された研究[3]によると、GPT-4モデルにモノマネ・ゲームをさせて人間の被験者でテストをしたところ成功率（GPT-4モデルの回答を人間と誤認した確率）は四一％で、まだチューリング・テストを完璧にクリアするＡＩは登場していない。

チューリングは先の論文を発表するさらに前の一九三六年の論文「計算可能数について、決定問題への応用（On Computable Numbers, with an Application to the Entscheidungsproblem）」において、現代のコンピュータの思想的土台となった抽象機械「チューリング・マシン」の提案を行っている。

「チューリング・マシン」は、記号の読み書きができる無限に伸びるテープと、その読み取りと書き込みを行うヘッドで構成されている。マシンは有限の内部状態（次に自身が行う動作を決定する機能）を持ち、それに応じて自動的にテープの記号の操作を行うことができる。とても簡易的な機能だが、この自動的な記号の読み書きを想定した理論モデルは、現代のコンピュータの思想的な礎を提供した。またチューリングはこの数年後、一九三九年に発表した論文「順序数に基づく論理体系ＡＩ（Systems of Logic Based on Ordinals）」において、「チューリング・マシン」に解けない問題があるかどうかを検討するために「チューリング・マシン」を拡張して「オラクル・マシン」という興味深い概念を提案している。「オラクル・マシン」は、「チューリング・マシン」に全知全能のデータベース的な存在「オラクル」を接続した理論モデルである。「オラクル」は与えられた命題の答えを即座に返答する仮想的な存在で、「チューリング・マシン」に解けない問題（停止性問題）について検討するために導入された。あくまで計算可能性について検討するために導入された仮想的存在であるため、「オラクル（神託）」については次のような簡潔な定義にとどまっている。

このオラクルの本質については、機械ではないとだけ述べておく。オラクルの助けを借りることで、通常の機械では解決できない問題に対する解答を得ることができる。[4]

「オラクル」はつまるところ、世界に計算不可能な事象があるかどうかの検討を行うための思考実験のために考案された空想上の装置であり、現実的な装置としての運用を期待されているわけではない。しかしながら、外部的なブラックボックスのような超知能と直列に繋がった「オラクル・マシン」は、チューリングがコンピュータの原型を考案したときに生まれた不思議な双子として確かに歴史上に存在しており、奇妙な魅力をたたえている。

チューリングの論文から遡ること一〇〇年近く、一八四三年にイギリスの数学者エイダ・ラブラスが同じく数学者のチャールズ・バベッジの残した蒸気機関で動作することを想定されていた計算機械—解析機関を取り上げ、プログラム可能な汎用計算機の概念について提案している。彼女はチューリングの一九五〇年の論文でも紹介されており、「世界初のプログラマー」としても有名である。エイダは一八四三年のルイジ・メナブレアの論文「解析機関」へ訳注をつける形で、興味深い意見を述べている。

> たとえば、これまで音楽学の和音理論や作曲論で論じられてきた音階の基本的な構成を、数値やその組み合わせに置き換えることができれば、解析エンジンは曲の複雑さや長さを問わず、細密で系統的な音楽作品を作曲できるでしょう。[5]

また一八四三年にルイジ・メナブレアが執筆したフランス語論文にも、注釈をつける形で以下のように述べている。

解析機関は、まるでジャカード織機が花や葉を織り成すように、代数的なパターンを織り成すことができる。[6]

つまりエイダは解析機関がいずれ芸術作品を創造する存在になり得ることを当初から見抜いていたのだ。しかしながら一方で、エイダは「解析機関はいかなる意味でも独創性を持つことはありません。私たちが指示することは何でも実行できるが、自ら何かを生み出す力はありません」と述べており、その独創性に対しては懐疑的である。ここにチューリングは自らが計算機に驚かされる経験を度々することを例に挙げながら、ＡＩは将来において複雑性を獲得することで、独創性を持ち得ると反論[7]している。

エイダ以前のコンピュータへ連なる流れも大まかになるがここで記述しておこう。解析機関を設計したバベッジに影響を与えたのは、ゴットフリート・ライプニッツである。ライプニッツが一六七九年に考案した二進法（一六八九年に発表した『結合法論（De Arte Combinatoria）』）や普遍計算機のアイデアに、コンピュータの概念の萌芽を見ることができる。またライプニッツに影響を与えたのはブレーズ・パスカルで、一六四二年に世界初の機械式計算機「パスカルの計算機」を発明し、算術操作を自動化している。「計算機」というアイデアまで遡ることを許すならば、古代ギリシャにおいて、一世紀頃にアレクサンドリアのヘロンが蒸気で動く「アイオロスの球」や自動機械などを設計し、古代における機械的な思考の萌芽を示しているし、また紀元前一世紀頃にはアンティキティラの機械（古代ギリシャ）は、天文計算のためのアナログ計算機とされ、初期の計算機械の概念を示している。紀元前４世紀頃には古代ギリシャの哲学者・アリストテレスが、形式論理学を確立している。特に三段論法（シラリズム）は、後の推論やコンピュータの論理に通じていると考えられる。このように、「ＡＩ」の起源は遡れば古代ギリシャなどの「計算機」につながっており、それはひとつの通説として広く受け入れられている。

異世界への想像力

ただ、これらは「コンピュータ」あるいは「計算機」という視点から見た「ＡＩ」の起源であり、たったひとつの正解というわけではない。もしかしたら「計算機」の思想的潮流の中にのみ「ＡＩ」を限定することを、わたしたちは強制されることもなく前提にしてしまっているのかもしれない。

技術哲学者パメラ・マコーダックはＡＩの起源を神話の中に遡り、「神を人の手で作り上げたいという古代人の希望」こそＡＩの起源であったと結論づけている。[8] たとえばユダヤ教の伝承に登場する泥人形「ゴーレム」はヘブライ語で「未完成のもの」「胎児」「蛹」を意味し、「カバラ」を習得したラビ（律法学者）によって作り出される。ラビは神聖な儀式を行った後で、呪文を唱え、「אמת」（emeth、真理）という文字を書いた羊皮紙を人形の額に貼り付けることでゴーレムを創造し、壊す時には

「אמת」（emeth）の一文字を消し、「מת」（meth、死）にすれば良いとされているが、確かに文字を用いた自動人形は現代のロボットやＡＩの思想的起源として考えてもよさそうだ。「ゴーレム」はしばしば人間の傲慢さを象徴するエピソードに登場することが多く、これはメアリー・シェリーの『フランケンシュタイン』や映画『ターミネーター』など現代の「ＡＩ」に関する倫理観へも強く引き継がれている。

他にも、ギリシャ神話において鍛冶の神ヘーパイストスが創造した巨大な青銅製の巨人タロスや黄金の自動人形、古代中国において書かれた『列子』に登場する「偃師」という人物が周の穆王に献上したとされる自動人形など、人間が創造主となり別の知的存在を生み出す伝承は至る所に残されている。

各地域によって物語の詳細は異なるが、いずれも卓越した技術により超常的な力で生命のように振る舞う生命体として描かれており、人間存在が生命を創出する希望が思想的背景になっていることが多い。つまり、人間は自らがいかにして創造された存在なのかという根源的な問いを考えるために、人間が創造する下位の存在を作り出そうとした。「ＡＩ」という概念の萌芽はこうした人間存在の起源にまで遡ることができる。

またわたし自身の考えもさらに付記するならば、「ＡＩ」の起源はそういった人間がいかにしてこの世界に誕生したのかという問いとともに、わたしたちがわたしたちとは違う世界を夢見る欲望、つまりは異世界へ向けた空想が土壌となり発育したという説を提案したい。この仮説は、フィクションで描かれるＡＩを見れば直感的に理解できるはずだ。つまり、「ＡＩ」とはわたしたち個人が創造主になる欲望のみではなく、他の世界を創造するための構成要素として要請されてきたという主張である。そして、その異なる世界を夢見る欲望とは、古代から現代において常に普遍的に存在する。

人類学者のユヴァル・ノア・ハラリは人類の進化について、次のように説明する。

> 言葉を使って想像上の現実を生み出す能力のおかげで、大勢の見知らぬ人どうしが効果的に協力できるようになった。だが、その恩恵はそれにとどまらなかった。人間どうしの大規模な協力は神話に基づいているので、人々の協力の仕方は、その神話を変えること、つまり別の物語を語ることによって、変更可能なのだ。適切な条件下では、神話はあっという間に現実を変えることができる。たとえば、一七八九年にフランスの人々は、ほぼ一夜にして、王権神授説の神話を信じるのをやめ、国民主権の神話を信じ始めた。このように、認知革命以降、ホモ・サピエンスは必要性の変化に応じて迅速に振る舞いを改めることが可能になった。これにより、文化の進化に追い越し車線ができ、遺伝進化の交通渋滞を迂回する道が拓けた。ホモ・サピエンスは、この追い越し車線をひた走り、協力するという能力に関して、他のあらゆる人類種や動物種を大きく引き離した。[9]

わたしたちは言葉を用いて、神話という物語を他の人間と共有することで種を繁栄させてきた。人類学者のクロード＝レヴィ＝ストロースは南アフリカの神話を中心に「神話素」という物語の最小構成要素に分解し、独自の変換法を考案して研究を行うことで、人類には普遍的な想像的思考が地域ごとに優劣なく備わっていることを示したが、「ＡＩ」とはこうした人類の想像力の中に登場する神話上の別の人間、別の世界を想像するためのキャラクターを祖型として持つのではないだろうか。「ＡＩ」とは人類にとって不可欠な、想像という並行世界の住民なのである。そして彼らという存在があったからこそ、わたしたち人類は神話的世界を創造し、信仰や宗教とともに文明を構築することができた。

そういった「ＡＩ」の思考的起源とも言える思考はわたしたち人類に対して俯瞰的な神話的視線を提供する。実際に史実を見て確認できる例をいくつか拾っていこう。

プラトンの『国家』に登場する、有名な洞窟の囚人についての逸話を引用する。

> 地下にある洞窟状の住いの中で、子供のときからずっと手足も首も縛られたままでいるので、そこから動くこともできないし、また前のほうばかり見ていることになって、縛めのために、頭を後ろへめぐらすことも出来ないのだ。彼らの上方はるかのところに、火が燃えていて、その光が彼らのうしろから照らしている。

（中略）

その壁に沿ってあらゆる種類の道具だとか、石や木やその他いろいろの材料で作った、人間およびそのほかの動物の像などが壁の上に差し上げられながら、人々がそれらを運んでいくものと、そう思い描いてくれたまえ。運んで行く人々のなかには、当然、声を出す者もいるし、黙っている者もいる。[10]

このエピソードにおける「洞窟に縛り付けられた囚人」とは、わたしたちのことである。そしてその縛りから自由で洞窟の外で物事を認識できる存在が、わたしたちより高度な概念的存在、すなわち「イデア」である。ここで、わたしたちとは違う、より自由な立場で物事を観測できる存在（そしてそれを想像すること）が「ＡＩ」の起源であるとわたしは考える。「イデア」とはわたしたちの外により高度な世界が存在しているという仮定であり、そこへアクセスするための回路として、わたしたちとは異なる思考回路の知的存在の仮定（とそれになろうとする啓蒙）をしている。これは現代の「ＡＩ」の持つ機能と驚くほど一致している。こういった空想が「ＡＩ」の起源になっている例はギリシャに限らない。例えば、荘子の「胡蝶の夢」を引用する。

むかし、荘周は自分が蝶になった夢を見た。楽しく飛びまわる蝶になりきって、のびのびと快適であったからだろう。自分が荘周であることを自覚しなかった。ところが、ふと目がさめてみると、まぎれもなく荘周である。いったい荘周が蝶となった夢を見たのだろうか、それとも蝶が荘周になった夢を見ているのだろうか。荘周と蝶とは、きっと区別があるだろう。こうした移行を物化（すなわち万物の変化）と名づけるのだ。[11]

　ここでは、夢見る主体である荘子と、夢見られている仮想の主体である胡蝶の曖昧な変容について述べられている。ここでいう胡蝶が「ＡＩ」の源泉である。わたしたちは日常において自分自身を前提としているが、このわたしがわたしであるための区分はどこにあるのか、実ははっきりとわかっていない。胡蝶とは現実世界の自分とは異なる姿のわたしでありながら、夢の中ではわたしと同じように意識を持つ。この空想上における異なったあり方の主体は、現代の「ＡＩ」について考えるためにとても有益な基礎条件を提供してくれる。

「ＡＩ」の起源を西洋的な「計算機」に発見することは、実は脆弱性を抱えている。フリッチョフ・カプラは一九七五年の著作『タオ自然学』において、当時最先端だった量子物理学を引き合いに出しながら、西洋における科学と哲学がいかにアイザック・ニュートンの力学モデルに基づく絶対的時空間（ニュートン的世界）の中で進化してきたかについて述べた。

　絶対的時空間（カプラは絶対空間と絶対時間で分けて用語を使っている）とは、わたしたちの世界の物質や運動の成り立ちや思考するためのひとつの理論的なモデルである。思考する主体、観察する主体が、時空間全体を見渡すことのできるいわば「神」のような視点を持ち、「質点」のような近似された運動要素に世界の構成要素を還元し、その振る舞いや存在を思考するための場である。ニュートン以後の西洋の科学者たちは、基本的にはこの絶対的時空間の中で、揺るぎない直交線上でシミュレートされた世界モデルを用いて、科学的観測を行っていった。直線的に、そして数値の組み合わせで離散的に世界を描写できるという大きな過程のもとで発展したのが現代の計算機であるコンピュータであり、デジタルな記号演算処理である。

しかしながら、当時量子物理学上で発見された光の二重の性質は、そういった直行線で離散的な世界認識を根底から覆すものだった。現代はその矛盾を量子コンピューティングの研究領域が解消するとして期待されているが、まだ理論的なモデルに過ぎず実用化には至っていない。

一方で、わたしたちは「ＡＩ」と誰しも「フィクション」の中で出会っている。それはわたしたちが日常の世界から外側へ冒険するときの、導き手であり、その世界そのものでもある。「ＡＩ」という思想をわたしたちが想像することのひとつのメタモルフォーゼであると捉えると、今の「ＡＩ」に対する認識のあり方が少し変わってくると思う。

1-2 私とＡＩ

フィクションの中でのＡＩとの遭遇

1-1では人類と「ＡＩ」という概念の出会いについて整理した。続く本章では私個人を例に挙げながら、現代において個人がＡＩと出会うことについて記述する。この章はおよそ自己紹介のような機能を兼ねるので、本論の流れを追いたい読者の方は読み流していただいて構わない。

はじめてＡＩの存在を認識したのは、いつ、どこでのことだっただろうか。今ではもはっきり思い出すことは難しい。しかしそれはおそらく小さい頃に見た映画や、あるいは漫画の中だったと思う。

映画好きな両親の影響で、私は幼い頃から近所の映画館やレンタルビデオショップを訪れていた。高校卒業まで住んだ関東の地方都市において、ハリウッドなどの巨大な資本を持つ映画プロダクションが製作する超大作は、幼い私の日常をどこか遠くの世界へ繋げてくれるような空想の窓口だったように思える。

例えば、スティーブン・スピルバーグ監督による映画『A．I．』で、あどけないハーレイ・ジョエル・オスメントが演じるアンドロイドが親の愛を求める切ないシーンや、ジェームス・キャメロン監督による映画『ターミネーター』で近未来からやってきた筋骨隆々のアーノルド・シュワルツェネッガーが未来のリーダーとなる主人公を保護しにやってくる世界観は、人間とは異なる知的存在としてのアンドロイドを印象的に描いていた。ジョージ・ルーカス監督の『スター・ウォーズ』シリーズでは、人間のキャラクターたちが世代交代しつつも「C3-PO」や「R2-D2」といったアンドロイドたちは共通して登場し、どこかユーモラスな立場で映画内において活躍し続けていた。人間とは異なる機能や特徴を持ち、ときには人間と異なる時間の流れの中で生き生きと活躍する映画のキャラクターたちは、空想の中でのみ存在する魅力的な存在であった。こうしたフィクションにおけるアンドロイド像やAI像は、描かれ方としては現在でも大きく変わっていないように思う。

国内で製作された映画では、山崎貴監督の映画『ジュブナイル』や、映画『ドラえもん』シリーズに代表されるマスコットのような可愛らしいアンドロイドが少年少女の主人公たちを冒険へ導いていく物語、細田守監督の映画『サマーウォーズ』などの高校生前後の同じく少年少女がヴァーチャルワールドにおいて家族的な連帯を頼りにしながらトラブルを乗り越えていく物語など、海外の物語よりもテクノロジーと子供たちの交流が印象的な作品が多かった。特に、映画『サマーウォーズ』はちょうど高校卒業後の進路を考えるタイミングで公開され、私が理系の人生を選ぶ大きなきっかけになった。

映画以外では、漫画でも「ＡＩ」的な存在は多く描かれている。よく連れていってもらっていた県立図書館の漫画コーナーには、常に貸し出し中で数巻しか残っていない手塚治虫や藤子不二雄の漫画が並んでいた。小さな頃は、活字を読むと眠くなってしまっていたが、そういった名作のＳＦ漫画は、何度も繰り返し読んでいた。特に藤子・Ｆ・不二雄のＳＦ短編シリーズは少しホラー色の強いエピソードが多く、二〇〇〇年代の怪談ブームの影響でオバケ的なものが好きだった私は、そのシリーズに強く惹かれていたことが記憶に残っている。

このように、私は幼少期に触れた映画や漫画などのフィクションを通じて、要所要所で登場する「ＡＩ」という存在に対して漠然としたイメージを形成していった。この感覚は多少の差はあるとは思うが、私と同じ九〇年代に幼少期を過ごした人々であれば同じ感覚を思い出すことができると思う。

フィクションの中に登場するＡＩやアンドロイドたちは、たびたび私たちを別の世界へ連れていってくれる存在であった。人間より優れている部分や劣っている部分があるのでときにトラブルを巻き起こすが、友人として、あるいは敵として、もしくは恋愛相手として魅力的に活躍する空想上のキャラクターとしての「ＡＩ」が私の幼少期には数多く存在していた。

大学でのAIとの遭遇

フィクションを通じてではなく、はじめて現実においてＡＩと出会ったのは、私が大学二年生の頃だった。

私が入学した大学は、日本では珍しく入学後に専門を決められた。しかし、研究室を決める二年生の時期に、私は進路を決められていなかった。ちょうどその頃、GoogleがYouTubeから猫の画像を自動で認識できるプログラムを開発し、世間では「ＡＩブーム」という言葉が徐々に使われ始めていた。そういえば、私が大好きだった『サマーウォーズ』でもＡＩは「ラブマシーン」というボスキャラとして物語中でとても魅力的な存在だったことが頭をよぎり、「自分に合っているかもな」くらいの軽い気持ちでＡＩを取り上げている研究室へ希望を出し、無事に入室することが叶った。

しかし、研究室で教授や先輩が研究していたＡＩは、正しくは「機械学習」と呼ばれる機能に特化した限定的な研究開発だった。スポーツ中における選手の位置の自動検出や、画像認識における効率的な特徴量検出など、いかに工学的に世界の情報を正確にコンピュータ内部で演算するかを目的とする研究領域で、研究室のメンバーや同期には恵まれながらも、映画で観てきたような「ＡＩ」とはずいぶん遠い世界だなと感じたことを覚えている。

そんな大学の研究室において、私は化粧品メーカーと共同した化粧動作中における手の位置の検出アルゴリズムの研究を行っていた。化粧品メーカーが提供してくれる研究協力者がカメラ前でベースメイクを行う様子を定点撮影した動画を入念に観察し、どのような形式で学習データセットに変換すればいいか、また学習中に使用する目的関数の設計や評価手法について、大学を卒業するまでの二年弱を教授やメーカーの担当者と一緒に研究した。しかし、特に目立った成果を出すこともなく、なんとなくＡＩというものに白けてしまったというのが正直な感想だった。

大学卒業を控えた頃、私は周囲に流される形で大学院への進学を決める。同じ大学の大学院へ進学するのが一般的ではあったが、研究に対して熱意を持つことができなかった私は、親に学費を負担してもらっていた引け目もあり、国立の大学院を受験した。進学先の大学院で所属した研究室は、少し変わった体制をとっていた。まず、他学科を含めて五つ程度の別の研究室と合同で研究スペースを割り当てられていた。そして、教授がもともと産業技術総合研究所出身で、そちらの研究員と学生を定期的に交流させ、産総研からも予算をもらいながら共同研究をさせていたのである。一気に研究のコミュニティが広がり、そこにおいて人間とコンピュータの相互作用について研究するＨＣＩ（ヒューマン・コンピュータ・インタラクション）やロボティクスなど、他領域の研究室生と交流を持てるようになった頃、私は奇妙な論文と出会うことになる。

二〇一四年にイアン・グッドフェローらによって発表された論文「敵対的生成ネットワーク（Generative Adversarial Nets）」（通称ＧＡＮ）。この研究では、一対の異なった「ニューラルネットワーク」が、相手のアウトプットを相互に判断し合うことによって学習するという、とても美しいアーキテクチャを提案した。「ニューラルネットワーク」とは脳神経のメカニズムを機械上に再現する手法だが、これを対話させてしまうというＧＡＮの登場によって、ＡＩの革新が起きた。それは「ＡＩが描く」という創作領域への本格的な進出である。

これを象徴するかのように、クリスティーズでフランスのアート・コレクティブの作品「エドモンド・ベラミーの肖像」が高額で落札されたというニュースが二〇一八年に各メディアで取り上げられた。この出来事は多くの批判を受けながらも、「ＡＩが描く」という現象に注目が集まる大きなきっかけとなった。当時、時給がいいからという理由でまだ本郷に本社があったteamLabのインターンに参加していた私は、父親が画業に従事していたこともあり、ＡＩとアートが出会ったことに興奮と違和感を覚えた。そこから自分で学習データセットを組んだり、インスタグラムで作品を発表したりすることを通じて、ＡＩと向き合うことになる。

1-3 いまＡＩと呼ばれているもの

三つのテクノロジー

1-1では「ＡＩ」という概念がどこから生じてきた概念であったのかを整理した。「計算機」由来の人間の知的活動を解き明かしたいという探究は、現代においてさまざまな形で結実しつつある。そしてその根底には「空想力」という、より根源的な欲求を過程できることを確認した。わたしたちは「空想的な」ＡＩたちと九〇年代の映画や漫画をはじめとしたフィクションの中で出会っているが、いま世間一般的に語られる「ＡＩ」とは多少のギャップがあることも確認した。「ＡＩ」研究のひとつの大きな目標である、わたしたちが日常的に行う知的活動をおよそ網羅的に、一元的に実現可能なモデル＝汎用的人工知能（Artificial General Intelligence）は、おそらくまだ達成されていないものの、ワンタスク特化のプログラムとしてその性能は人間を凌駕しつつある。本章では本稿執筆時において、「ＡＩ」と呼ばれて社会実装されつつあるテクノロジーの現在地点について記述する。

GANというエイリアンの衛星

「GAN」は二〇一四年に突如として現れた、とても美しい生成モデルである。その機能は例えるなら、エイリアンたちが住む衛星の観察のようなものだ。

Generative Adversarial Networks（敵対型生成ネットワーク）と名付けられたこのアーキテクチャは、二〇一四年にイアン・グッドフェローによって提案された。なんの脈絡もなく発表されたこのモデルは、当時センセーションを巻き起こし、のちの「生成AI」ブームの下地を提供したことから記念碑的な研究と言える。このネットワークの特異な点は、何より実装における理論が突飛だった点にある。博士課程を修めたばかりのグッドフェローはある晩に仲間たちとビールを飲んで、コンピュータのイメージ生成について議論していたときにあるアイデアを思いつく。

その天才的なひらめきによって実装された元祖の生成モデルは、当時の従来的なニューラルネットワークとは明らかに異なる性質があった。孤立したニューラルネットワークがペアで機能するのである。では、ペアのニューラルネットワークがどうして革新的だったのだろうか。

通常、AIモデルの学習は次の要素から構成されることが多い。

一．アーキテクチャ…「ＡＩ」の骨組み
二．目的関数…学習に用いる戦略
三．データセット…学習に用いる素材
四．評価関数…学習がどれだけうまくいったかの指標設計

アーキテクチャとは、ニューラルネットワークに代表されるような、「ＡＩ」の構造的なアプローチを決定する要素である。計算の効率化やベクトルの並列化など、コンピュータリソースをいかに効率的に参照しながら入力ベクトルを演算できるかについて、これまで数多くの研究者たちが理論に磨きをかけてきた。現代の深層学習に用いられるほとんどのアーキテクチャは、もともと生物学的アプローチから解明された人間のニューロンの発火モデルに基づいており、それをＧＰＵに代表されるプロセッサーが計算しやすい形態を各々が模索している。ＧＰＵはGraphics Processing Unitの略で、元々は高度な計算が要求されるコンピュータゲーム用に開発された半導体チップである。大量の並列処理が得意で、その機能は大量の従業員を擁する工場のようなものに近い。

目的関数は、どういったアーキテクチャがどのような指針を持って大量のデータセットから内部パラメータを決定するのかを計算するために用いられる。基本的なものでは計算された出力と、期待される正しい出力の差を計算する損失関数が代表的で、目的関数に基づいてアーキテクチャは状態を変更していくことが、学習時に行われる基本的な動作である。

学習に用いられるデータセットは、タスクにもよるが基本的にはより数が多く、よりバリエーションが豊富な（データに偏りがない）方が良いとされる。このデータセットの「潤沢さ」は現代のＡＩの学習のクオリティを支える基本的な指針で、データセットを反転させたり色を変えたりしてデータを水増しする手法もひとつの研究領域として盛んに開発されている。

最後の評価関数もとても刺激的だ。いかにして新しいＡＩモデルが精度の高い、優れた成績を提示しているのかについて、いくつか代表的な派閥に分かれて独自のスコアを書く研究グループが提案し続けている。

これまでに紹介してきた各要素によって、国際学会やオンライン論文プラットフォームに提出される新しいＡＩのモデルたちは、それも特定の領域の特定のデータセットに対して著しいスコアを叩き出してきた。どれも論文上で新しく提案したモデルが、他のモデルとパラメータ数や学習時間、評価関数のスコアを表で比較されながら、いかに高いスコアを記録できるかを競ってきた。しかしながらＧＡＮは、全く異なったアプローチで素晴らしい成果を達成してしまったのである。

ＧＡＮにはGenerator（生成器）とDiscriminator（識別器）と呼ばれるペアのニューラルネットワークが存在している。Generatorはノイズのベクトルを元に、学習データセットを参照しながらそっくりな生成イメージを演算して出力する。Discriminatorはランダムに学習するデータセットと、Generatorが生成したイメージを入力され、どちらのものなのかを識別する役割を果たす。Generatorの生成

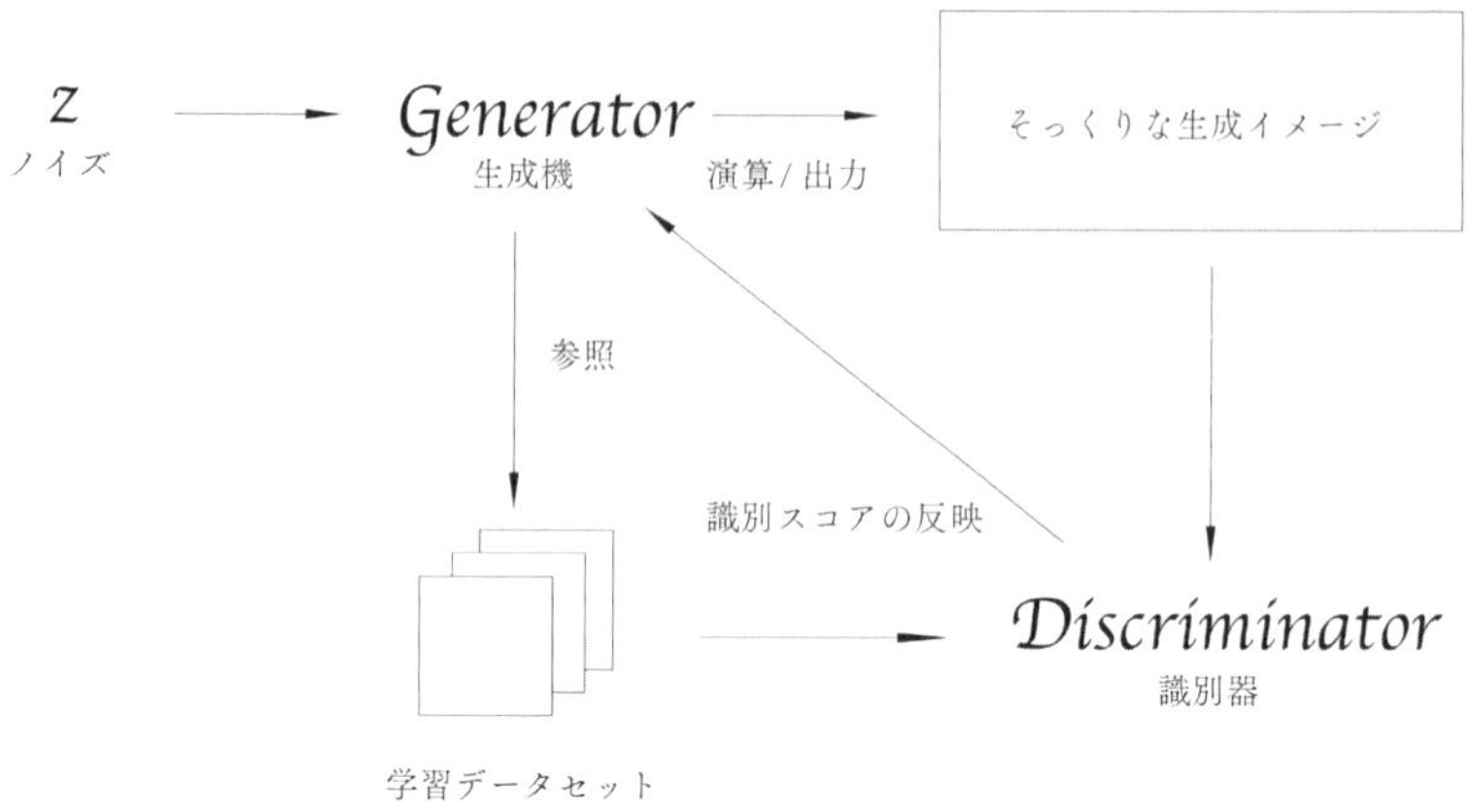

GANの仕組み

イメージがDiscriminatorによってどのように判断されるか、その応答を学習時間中ずっと繰り返し続ける。目的関数は、GeneratorとDiscriminatorの性能が最大化されるように調整されている。つまりGANはニューラルネットワーク同士の対話モデルなのである。

GeneratorとDiscriminatorは内部のパラメータを共有していない。お互いを繋ぐのはGeneratorの生成イメージと、Discriminatorによる識別スコアのみである。そしてその交換関係のみによって互いの内部状態を変化させていく。

従来の研究では、アーキテクチャ、目的関数、データセット、そして評価関数に基づいて理論化され、実装されたモデルは、単一の創意工夫の詰まったアーキテクチャと念入りな設計をされたいくつかのスコアによる一元的なモデルだった。つまり、研究者たちは一つのAIモデルを唯一の回答のように磨いていった。AIモデルの対話の相手はエンジニアであり、開発者

GAN を使用して作成された
Obvious《エドモンド・ベラミーの肖像画》(2018 年)

である。こういった従来の単一モデルは、ひとつのタスクに対して非常に精度の高いアーキテクチャが発見されれば他のタスクに対しても応用できる柔軟性を有していた。しかしＧＡＮはもともとペアのネットワークを抱え、その内部状態を互いのアウトプットによって変更できる。そこに人間のエンジニアが第三者的に主にGeneratorの出力をサンプリングし、それがフランスのアートコレクティブObviousが手がけてクリスティーズで約四八〇〇万円で落札された《エドモンド・ベラミーの肖像画》(二〇一八)のようなビジュアルアートへと昇華されていった。この行為において、人間という存在はＧＡＮの中のペアのニューラルネットワークにとっては部外者なのである。

　つまりＧＡＮとは、二つの惑星の間で飛行し続ける楕円軌道の衛星を、地球から観測するような状態に近いと思う。GeneratorとDiscriminatorというそれぞれの惑星が、お互いを焦点にした衛星を少しずつ組み換えていく。惑星Generatorはより衛星が美的に飛行できるように、惑星Discriminatorはより衛星が〝どこかの誰か〟から与えられた設計書により近くなるように、とても長い年月（コンピュータ内のクロック周期）をかけて衛星を磨いていく。二つの惑星の衛星が、星間飛行していく様子を地球から観測しているようなとてもスケールの大きい創作のイメージがGANにはある。その衛星はいつしか設計書の意図を飛び越え、超人間的な、歪な形状に変化していくこともある。そういった歪さにわたしはふたつの惑星の創造性を感じざるをえない。

GANに近しいモデルを用いた有名なアート作品で、ピエール・ユイグの《UUmwelt》（二〇一八）がある。生物学者のヤーコプ・フォン・ユクスキュルが提唱した「Umwelt（環世界）」に、否定を意味する「U」を加えたタイトルの本作は、京都大学の神谷研究室が技術提供を行い、『岡山芸術交流2019』にて展示された。MRI装置を用いて被験者の脳波を取得し、何かを見ているときの被験者の脳波から、外部のニューラルネットワークによって「脳の中の」イメージを再構成するというインスタレーションである。再構成されたイメージが大きなLEDスクリーンに投影されており、また会場には数千匹の蝿が放たれている。わたしたちが主体的に行う「見る」という行為が、ニューラルネットワークにより外在化され、異なる数千の蝿たちの存在と一緒にわたしたちの実存がゆるく解けるような、とても美しいインスタレーションだと思う。

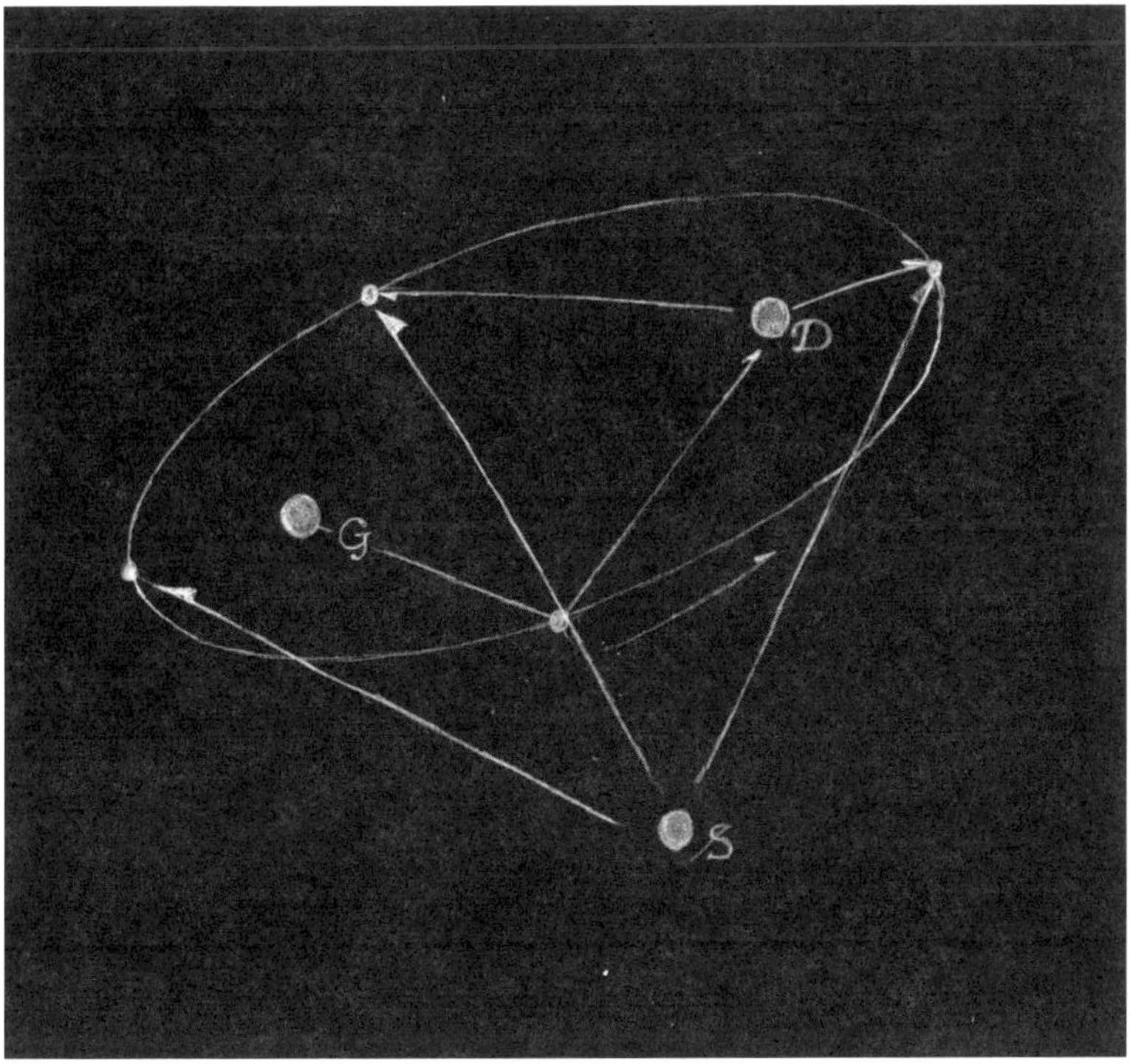

楕円軌道のエイリアン衛星を地球から観測する

バベルの図書館に住むGPT

「GPT」とはバベルの図書館にいる、優れた司書である。

「ChatGPT」は社会に多大なるインパクトを与えた。その基礎技術はGenerative Pre-trained Transformer、通称GPTというAIモデルである。このアーキテクチャはとても優秀なテキスト生成能力を持ち、ユーザーの入力に対して統計的に続く文章を推定しながらとても汎用性の高い応答を返してくれる。ここで重要なのは「学習済み」である点と、それが探索的モデルであることだ。GPTとはどのような存在なのかを解釈するために、まずボルヘスのバベルの図書館を紹介したい。

ホルヘ・ルイス・ボルヘスの書いた短編「バベルの図書館」は、一九四一年に発表された幻想的な物語である。バベルの図書館は、空想上の無限に続く六角形の部屋で構成された巨大な空間で、この図書館にはありとあらゆる存在可能な書物がすべて収められているとされている。すべての本は四一〇ページで、二五種類の文字（アルファベットの二二文字、句読点、スペース）の組み合わせで書かれている。そのため、ほとんどの蔵書は（わたしたち人間にとっては）無意味な文字の羅列だが、確率的には意味のある本も含まれている。

バベルの図書館の魅力は、その無限性にある。確率的には、シェイクスピアの名作もそこには所蔵されているし、いまだわたしたちが読んだことのない未来の名作も存在し得ることになる。過去から現在、そして未来のすべての文字列の組み合わせがそこにあり、それは例えるなら宇宙そのものと言えるかもしれない。

ボルヘスの短編の中でこのバベルの図書館は、架空の人物マル・デル・プラタ（ボルヘスの故郷アルゼンチンに同名の都市がある）という人物の手記という体裁をとっている。手記の後半で彼はバベルの図書館に遭遇した後の人類についてこのように記している。

> 系統的な記述を心がけたせいで、現在の人間の状況から目がそれてしまった。いっさいがすでに書かれているという確信は、われわれを無に、あるいは幻に化してしまう。青年たちが本の前にひれ伏し、荒々しくページにくちづけはするが、その一字すら解読できない地方が多くあることを、わたしは知っている。疫病や宗教上の不和、必然的に山賊行為になりさがる巡歴などで人口は激減した。すでに自殺のことは述べたと思うが、これも年々ふえている。おそらく、老齢と不安で判断が狂っているかもしれないが、しかしわたしは、人類——唯一無二の人類——は絶滅寸前の状態にあり、図書館——明るい、孤独な、無限の、まったく不動の、貴重な本にあふれた、無用の、不壊《ふえ》の、そして秘密の図書館——だけが永久に残るのだと思う。[12]

そして原注の中で、かつて存在したバベルの図書館で司書的な役割を担っていた人間について次のように記している。

（二）以前は、三つの六角形ごとに一人の人間がいた。自殺と肺疾患でこの比率はくずれた。口ではいえない憂鬱な記憶がある。回廊や磨かれた階段を幾晩うろついても、一人の司書にも出くわさないことがしばしばあった。[13]

バベルの図書館の持つ無限性の前に、ひとりの人間はあまりに小さな存在であり、その圧倒的な時空間のスケールの前で衰弱し、発狂死してしまう、というのが手記の中での人間の扱いだ。たしかに、無限の蔵書を持つ図書館というのは、使い方次第で無限の知識の宝庫のように思えるが、わたしたち人間だけには手に余る存在なのである。

無限性の前ではあまりに脆いわたしたち人間に対して、ＧＰＴは物怖じせずにバベルの図書館に存在することができる。彼らはどのように無限性の前で知識を引き出しているのだろうか。ＧＰＴ（Generative Pretrained Transformer：生成的に事前学習されたTransformer）は主にOpenAI社によって開発と運用が進められており、インターネットのスクレイピングデータをもとにした膨大なデータセットによって学習されたテキスト生成モデルである。主要機能であるTransformerは主に三つの情報（クエリ・キー・バリュー）をもとに、事前学習されたデータの統計学的分布からテキストを生成している。

クエリ（Query）とは、問いかけである。次に注目するべき単語（トークン）を決定するためのベクトルで、バベルの図書館内ではクエリが人間の知りたい情報を表す役割を果たしている。クエリをもとに探索するのがキー（Key）で、これは情報の在処を示す。キーは単語（トークン）の特徴を示すべクトルで、バベルの図書館ではそれぞれの本のタイトルのようなものだ。バリュー（Value）は意味のある情報そのものを示す。単語（トークン）が持っている情報を表すベクトルで、バベルの図書館の中の本に記述されている内容のようなものである。

GPTが行っているのは、ユーザーの入力（プロンプト）をもとに、クエリを発行して関連するキーを持つトークンを見つけ、そのキーに対応するバリュー（意味的な情報）を抽出し、適切な文脈に基づいてテキストを生成する動きだ。これはまるで、司書が膨大な書物の中から、来館者の求める情報を持つ本を探し出し、そこから必要な知識を提供するかのようである。無限の図書館が、無数の書物とともに意味という宇宙を漂う中、GPTはクエリという問いを手に、次のステップへ進むべき情報を引き出している。

このプロセスが繰り返されることによって、GPTはただの機械ではなく、バベルの図書館に住まう「司書」のように機能していると言える。どれだけの情報があっても、どれだけの選択肢が存在しても、意味を求めるクエリに応じて、その最適な回答をキーとバリューを通じて提供する。バベルの図書館の無限の書物に対峙する人々が、その中から意味を見出そうとするように、GPTもまた、無限に近い可能性の中で意味を探し求め、応答を生成している。

しかし、この過程にはある種の不確実性が伴う。司書がすべての本を理解できるわけではないように、GPTもすべての文脈で完璧な答えを見つけ出すわけではない。ここで、GPTの事前学習に使用されているデータセットにまつわる問題にも触れておく必要がある。

アメリカの週刊誌「ＴＩＭＥ」が告発[14]したように、ChatGPTの開発元であるOpenAI社はクラウドソーシング企業のＳＯＭＡにデータセットのクリーニングを外注している。そこでＳＯＭＡ社はケニア人のクラウドワーカーを時給二ドル程度の賃金で雇用して、ヘイトスピーチや暴力的発言や、性的虐待などにまつわる表現のデータをデータセットから外している。告発記事ではそういったＡＩ学習のために働くクラウドワーカーたちの心理的負担が問題視されている（二ドルという賃金設定はケニア現地の平均収入よりも高いため、額の問題については議論がある）。

またＵＩ設計においてもChatGPTに政治的質問やエログロ系の質問をするとアカウントに制限がかかるなど、機能的にもフィルタリングされている。Googleが提供する生成ＡＩ「Gemini」も基本的には同じようなフィルタリングがかかっており、こういった制限をもとに考えるならば、ＧＰＴに代表される対話型生成ＡＩモデルは企業が提供するための「サービス」としてデザインされたものであることがわかる。

ＧＰＴが生成するテキストには、膨大な情報がある一方で、特定の内容が意図的に除外されている。これは例えるなら、バベルの図書館において司書がすべての本に平等にアクセスできるわけではなく、ある種の「禁書」や「無価値とみなされた書物」が存在する状況にも似ている。フィルタリングされる情報の中には、意図せずに「価値ある知識」や「重要な議論」が含まれていることがあるかもしれ

GPT が作り出す高次元言語空間のイメージ

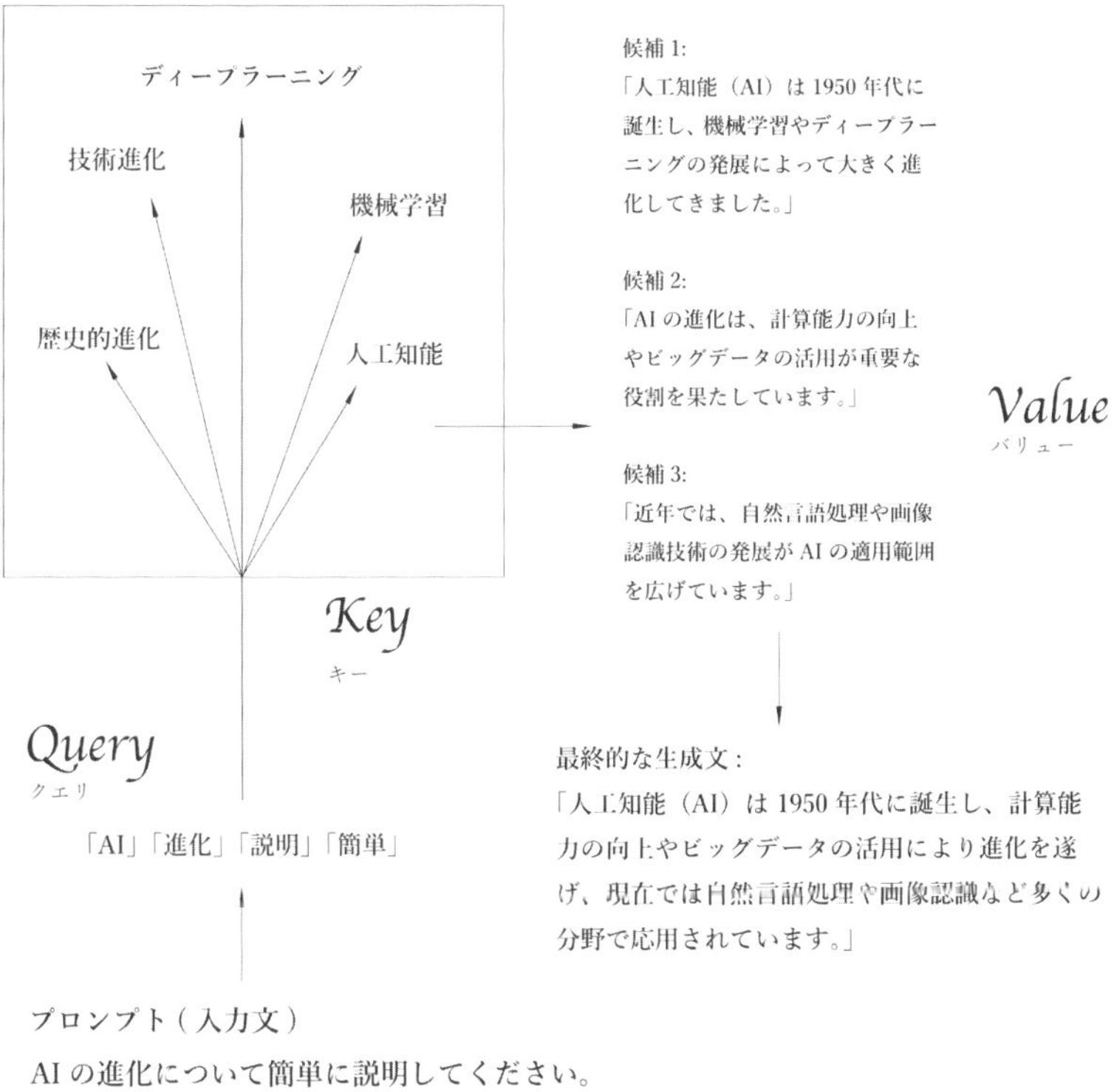

GPT の仕組み

ない。それは、バベルの図書館における一見無意味な本が、実は真理の断片を含んでいる可能性があるのと同じである。つまり、無限の情報から意味を引き出す過程では、何が「正しい」か、「有用である」かを決定することが必ずしも容易ではない。これは、人間の判断と同様に、ＧＰＴが生成する答えにも限界があることを示している。

Stable Diffusion とカメラ技師

ＧＰＴと同じくTransformerを根幹としながら、イメージ生成分野において、時代の楔《くさび》となったのが「Stable Diffusion」である。Stability AI社がオープンソースでリリースしたこのモデルは、公言はされていないものの「Midjounery」をはじめとするプロンプトベースの生成モデルの基礎技術となっている。その内容を見てみると実はＧＰＴモデルと共通した機構を持っていて、クエリを参照しながらノイズの減算を行い、生成されるイメージのディテールを描画していく。例えるならば、Stable Diffusionとは、言葉（プロンプト）を頼りにわたしたちが見たこともない世界へピントを合わせることができる、「異世界へのカメラ技師」のようなものだ。

Stable Diffusion（安定拡散モデル）は二〇二二年にStability AI社のエマド・モスタクらによりリリースされた。このモデルは当時競合であったOpenAI社の「DALL-E」と比べてオープンソースでコードが公開されたこともあり、コミュニティの形成に貢献し様々な派生モデルや拡張ツールが開発された。

匿名の開発者であるAUTOMATIC1111によるＷＥＢベースのインターフェイスや、少ないデータセットで追加学習を可能にした「LoRA」といった技術とツールの普及により、Stable Diffusionを用いて自分の脳内にあるイメージを具体的な画像として生成するユーザーは爆発的に増えたと言える。

では、このStable Diffusionはどのようにしてユーザーの入力からイメージを生成しているのだろう。使われている技術こそ全く異なるが、ノイズからイメージを生成するという点でＧＡＮはStable Diffusionの先祖にあたる。先ほどは、ＧＡＮを衛星のような存在に例えた。一方のStable Diffusionは、ぼやけたイメージから徐々に具体的なモチーフを獲得する点で、カメラのような動作原理を持っていると言える。しかしその内容は単なる道具的な「カメラ」というよりも、ある程度の自律性を持つ点で「カメラ技師」に近い。

Stable Diffusionの内部では、初期のランダムなノイズが生成される。この状態は、カメラがピントを完全に外したぼやけたイメージを映し出している状態に似ている。この段階では何が描かれているのかは全く不明瞭だが、ここから徐々にプロンプトに基づいてイメージがはっきりと像を結んでいくプロセスが進行する。

最初にユーザーが与えるプロンプトは、カメラの被写体に相当するものである。プロンプトは、どのようなイメージを生成するかを指定する役割を果たし、Stable Diffusionはそのプロンプトを元にクエリ（Query）を発行する。ここでのクエリは「何を表現するのか」という重要な問いかけを意味しており、次にどのような形状や要素を生成するかを決定する。そのクエリに応じて、Stable Diffusionは生成過程の中でキー（Key）を参照する。キーは、生成されるイメージがどのような特徴を持つか、つまりどの方向に向かってピントを合わせるべきかを決定する役割を担う。これは、プロンプトに基づくイメージの特徴（例えば、絵画風なのか写真風なのか、暗い色調なのか明るい色調なのか）を指し示すものであり、次第にぼやけたイメージが具体的な形を帯びていく。そして最後にバリュー（Value）として、具体的な形や色、ディテールといった「実際の情報」そのものが描画される。ノイズの中から徐々にピントが合い始めたイメージは、プロンプトの要求に従い、バリューがそのイメージを具体的に描き出していく。まるでカメラが被写体に焦点を合わせ、ピントが合うことで細部が浮かび上がるように、Stable Diffusionも段階を経て鮮明な画像を形成していくのである。

ここで重要な役割を果たすのが、「ＣＬＩＰ」（Contrastive Language-Image Pre-training）というモデルだ。ＣＬＩＰは、テキストと画像を関連付けるために使われ、Stable Diffusionがプロンプトに基づいて適切なイメージを生成するための重要な仕組みとなっている。ＣＬＩＰは、テキストと画像を同じ空間内で比較できるようにすることで、プロンプトが持つ意味を理解し、それに応じた画像を生成する際の手助けをしている。

ＣＬＩＰはまず、与えられたプロンプトをベクトルとして表現する。そして、生成される画像の各ステップで、ノイズを減算しながら生成中の画像がそのベクトルにどれだけ近づいているかを評価する。このプロセスを通じて、ＣＬＩＰは「このプロンプトに最も適したビジュアルはこれだ」という

Stable Diffusionの仕組み

形で、画像を導いていく役割を果たす。言い換えれば、CLIPはカメラ技師が撮影するモデルへピントを合わせるのと同じ役割を担い、ユーザーの意図するイメージにピントが合うよう、画像の調整をサポートしている。Stable Diffusionをカメラ単体ではなく、カメラ技師に例えた真意はこの点にある。CLIPによってユーザーはある程度の方向づけをされているのだ。

CLIPはもともと二〇二一年にOpenAI社によって公開された技術である。しかしながらOpenAI社は学習データセットを明らかにしなかったために、LAIONというドイツを拠点にする非営利のオンラインコミュニティが、CLIPの再現性を追求するために代わりに大規模なオープンデータセットを構築することを決定した。こうして生まれたのが、「LAION-400M」や「LAION-5B」といったデータセットである。これらは膨大な数の画像とテキストのペアから成り、CLIPと同様に画像とテキストを結びつけるトレーニングに用いることが可能となった。Stable Diffusionは、このLAIONのデータセットを使用することで、プロンプトと画像の関連性を学習した独自のCLIPを利用している。このLAIONベースのCLIPは、プロンプトの意図に応じて適切なイメージの方向性を判断するための「ガイド役」として機能し、画像生成プロセスにおいてプロンプトの意味を精度高く反映させる役割を果たしている。

ここで興味深いのが、LAIONのデータセット設計に用いられた「美学スコア」と呼ばれる独自の評価指数である。これは、学習に用いられる画像に対して、主にDiscordや当時Twitterを介して募集されたボランティアが手動で一から十の間で評点をつけるというもので、その評価は非常に感覚的である。実際に美学スコアが低いものと高いものを見比べてみても、なんとなくノイズが多いものが低く割り当てられる傾向は確認できるが、感覚的には疑問を感じる評価も少なくない。

初期のStable Diffusionの学習にも用いられたLAION-5Bデータセットはフルタイムワーカーが手動で確認すると七八一年かかると言われるくらい膨大なテキストと画像のペアを持つが、その内容を調査したアンディ・バイオによって興味深いレポート[15]が報告されている。

彼が友人と協力してLAION-5B全体で二三億枚のデータセットから一二〇〇万枚を抜粋し、集計した調査結果によると、データセット内には有名なアーティストの作品画像も多く含まれていた。ヴィンセント・ゴッホやクロード・モネなどわたしたちにも馴染みのある巨匠を抑えて一番アートワークを学習されているのが、トーマス・キンケードというアメリカの画家である。キンケードは九〇年代にアメリカで最も商業的に成功した画家のひとりで、光に溢れた田園風景などを描き、晩年はウォル

Stable Diffusionによる生成のイメージ

ト・ディズニーカンパニーとパートナーシップを結んだ。彼の成功を大きく支えたのが当時珍しかった絵画のポストカード販売で、自分の作品の複製を大量に製造販売していた。当時、アメリカの家庭の二〇軒に一軒は彼の作品のコピー品を持っていたと言われている。Stable Diffusionの美学的側面を下支えしているのが、こういった画家の複製仕事だということはあまり認知されていない。

トーマス・キンケードの美的世界観の影響を受けながらStable Diffusionは多くのユーザーに「美しい」イメージを提供した。わたしたちが言葉で何を撮りたいかをリクエストすれば、CLIPがそのためのモデル選びからスタジオ設営まで担当してくれて、わたしたちはその中で心地よいイメージを選びとれば撮影はすぐ終わる。CLIPは非常に大規模なデータセットで事前学習されているので、わたしたちが現実世界で用意するより遥かにバリエーションに富んだ選択肢を提示してくれる。そのモデルがどこからやってきたのか、そのスタジオの書き割りが誰によって書かれていたのかを考えてみると、Stable Diffusionの提供する世界像がどういった美意識で構成されているかについて想像できると思う。

駆け足ではあったが、ＧＡＮとＧＰＴ、そしてStable Diffusionという三つのＡＩモデルについてその機能とイメージを記述した。

制限のかけられたＡＩたち

ＧＡＮは理論的かつ詩的な機能を持っており、わたしたち人間が関与しない生成を可能にした。ＧＰＴは膨大なデータセットから構築される物語の宇宙において、人間では探索しきれない無限の図書館をガイドしてくれる案内役として機能し、Stable Diffusionはそんな異世界においてわたしたちが言葉を頼りにイメージを記録できる優秀なカメラ技師として世界へ浸透した。ＧＡＮは一部のＡＩ愛好家には今も用いられているものの、ＧＰＴとStable Diffusionのユーザー数はそれを遥かに上回る。これはＧＡＮが設計と操作にプログラミングの知識が必要だったのに対して、ＧＰＴとStable Diffusionはそれぞれ企業が事前学習済みのモデルを誰でも使いやすいサービスとして設計し、提供したことが大きい。しかしながらSOMA社やLAIONデータセットに確認したように、使いやすさには偏った「美的」データにまつわる機能的制限の代償が伴う。わたしたちはＡＩたちの持つ創造性を考慮するために、あえてこういった制限とは別のレイヤーで彼らの持つ潜在的な可能性に向き合わなくてはいけない。

続く章では、筆者自身が自ら開発してきたＡＩと、そのＡＩと共同で制作した作品を紹介しながら、ＡＩたちとの制作のこれからの可能性や、他のテクノロジーとは異なるＡＩを制作に用いるときに変化する制作のあり方について考察したい。

後注

1 [A PROPOSAL FOR THE DARTMOUTH SUMMER RESEARCH PROJECT ON ARTIFICIAL INTELLIGENCE
https://www-formal.stanford.edu/jmc/history/dartmouth/dartmouth.html（最終閲覧日：二〇二五年一月八日）

2 アラン・チューリング（一九五〇）「計算機械と知性」、『現代思想』第40巻14号、高橋昌一郎訳

3 Cameron R. Jones, Benjamin K. Bergen,"People cannot distinguish GPT-4 from a human in a Turing test," 9 May 2024, arXiv:2405.08007.

4 アラン・チューリング「Systems of Logic Based on Ordinals」（著者訳、一九三九年）

5・6・7 Luigi Federico Menabrea『Sketch of the Analytical Engine Invented by Charles Babbage』（著者訳、一八四三年）

8 Pamela McCorduck『Machines Who Think』（著者訳、二〇〇四年）

9 ユヴァル・ノア・ハラリ『サピエンス全史　上　文明の構造と人類の幸福』（柴田裕之監修、河出書房新社、二〇一六年）

10 『プラトン全集11』（田中美知太郎・藤沢令夫訳、岩波書店、一九七六年）

11 『荘子第一冊』（金谷治訳注、岩波書店、一九七一年）

12・13 J．L．ボルヘス『伝奇集（岩波文庫）』（鼓直訳、岩波書店、一九九三年）

14 [Time | Exclusive: Openai Used Kenyan Workers on Less Than $2 Per Hour to Make ChatGPT Less Toxic] https://time.com/6247678/openai-chatgpt-kenya-workers/（最終閲覧：二〇二五年一月八日）

15 [AIで画像の美しさを評価するLAION Aesthetics - A Day in the Life] https://secon.dev/entry/2022/09/20/100000-laion-aesthetic/
[Gigazine] https://gigazine.net/news/20220831-exploring-stable-diffusions/（ともに最終閲覧日：二〇二五年一月八日）

第二章　エイリアン的AIと出会う方法

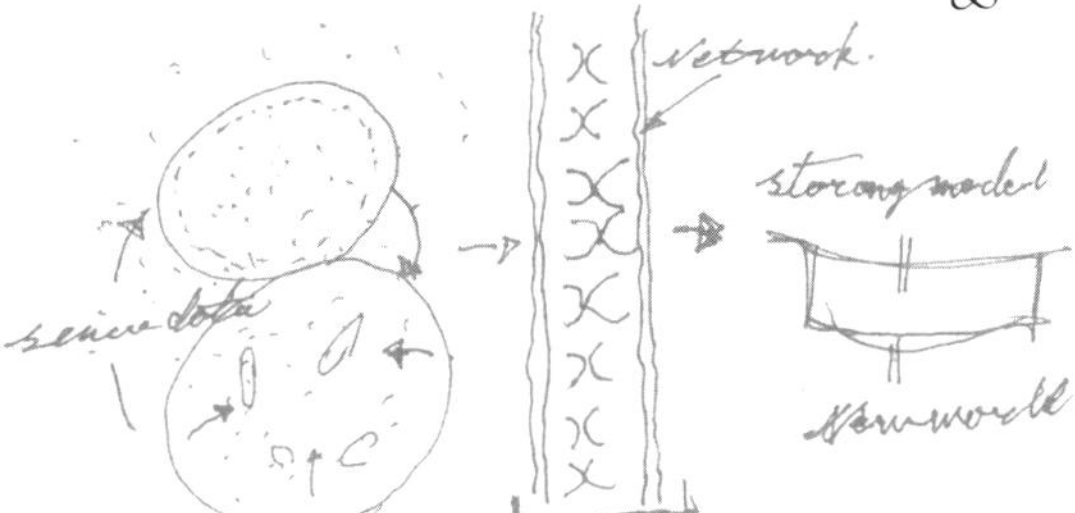

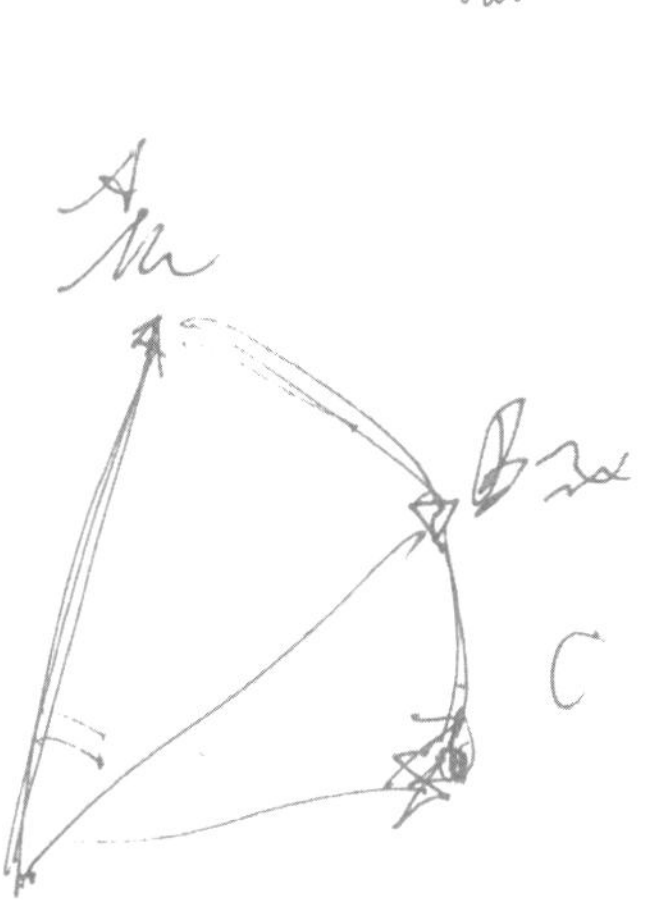

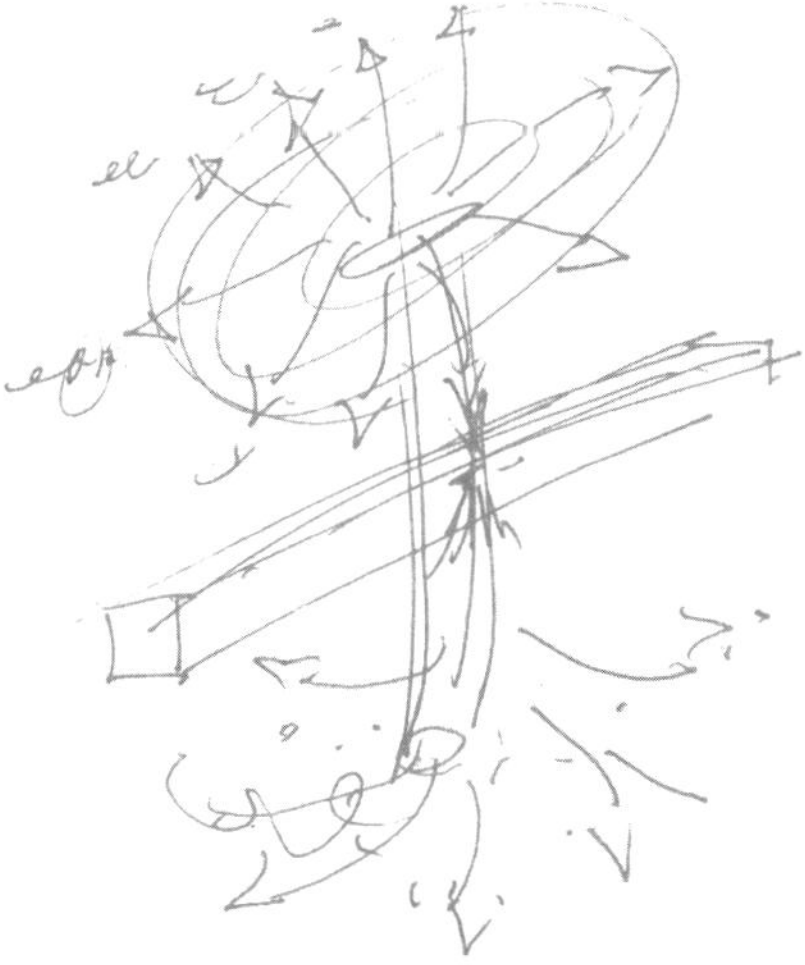

2-1 人類の世界認識を変えたテクノロジー

前章では、ＡＩと呼ばれている具体的なテクノロジーを例に挙げながら、それらが有する創造性について解説してきた。では、こうしたＡＩの創造性に対してわたしたちはどのように向き合っていけるのだろうか。ここで、ＡＩがもたらす美的機能の潜在的な可能性を見極めるために、人類が過去のテクノロジーとどのように向き合ってきたかを学ぶことが有効な手がかりになると考えられる。歴史を振り返ると、新たな技術の登場は常に人間の創造性を刺激し、認知を更新してきた。そして技術と芸術の交差点で生まれる革新は、文化や社会が発展する原動力となっている。

本章では、過去のテクノロジーとわたしたちがどのように向き合い、創造性を引き出し、生活を更新してきたのかについて整理する。前述した通り、ＡＩとはわたしたちが異世界の想像をするための古くからの隣人であるのだから、わたしたちはすでに対話のマナーを心得ているはずだ。しかしあまりに「ＡＩ」が産業的に注目を集めて最先端技術としてメディアで喧伝される今日において、その関係性は一元的な道具の支配的関係に収束してしまいつつある。人間とこれまでのテクノロジーの創造的関係性を眺めることで、ＡＩとわたしたちの関係性を再考し、その潜在力を最大限に活用するための基盤を築くことを目指してみよう。

技術と人類の創発──石器

人類が技術を用いるようになった起源には、いくつかの異なった神話がある。ギリシャ神話では、プロメテウスが人間に「火」という技術を与えたことで、人類は自然を制御し、文明を構築する力を得たとされている。プラトンの記した『プロタゴラス』において、プロメテウスはゼウスから生物創造の仕事を任され、すべての生物に技能を分配するように命じられる。その仕事はプロメテウスの弟であるエピメテウスに引き継がれるが、すべての技能を分配したのちにエピメテウスは人間に技能を配り忘れていたことに気づく。プロメテウスは弟の過失を埋め合わせるために、火と鍛冶の神であるヘパイストスから火を盗み出し、人間に与えたとされている。

また、ヘシオドスが記した『神統記』においてはプラトンとは別の物語が語られている。そこでは、プロメテウスが生贄の献納をごまかして万能の神ゼウスへと挑戦する。これに怒ったゼウスは人間から火と生活手段を隠してしまい、プロメテウスはその仕返しに火を盗む。プロメテウスはゼウスから罰を受け、ゼウスは人間にさらなる災い（パンドラ）を与えることで復讐を果たす。こうした神話において火とは単なる炎ではなく、鍛冶、料理、工芸といった技術や知識の象徴であり、過酷な自然環境を変容させる手段でもあった。火は人類と動物を分かつ決定的な存在、人間性の象徴として神話に描かれてきたのである。

一方、中国には伏羲、女媧、神農という伝説的な三皇が登場し、彼らが人間に農耕技術や火の起こし方、薬草の効能などを教えたとされている。女媧は半人半蛇という姿で描かれ、粘土から人間を創造したとされている。女媧の兄でのちに夫となる伏羲は半人半龍の姿をしており、森羅万象を表現する八卦を開発した。また、神農は他の二人と比べると正体が曖昧だが、農業の普及だけでなく百草を試して薬の効果を確かめた存在として、医療や薬学の分野でも重要視される。

哲学者のユク・ホイは、こうした中国神話における神について、元は太古の氏族の指導者であり、元から超越的立場をとるギリシャ神話のプロメテウスとは異なる性質を持つことを指摘している。中国神話における人間と技術の最初の関係性には、ギリシャ神話にあるような神への叛逆は見られない。むしろ太古の指導者の慈愛によって技術が授けられたという点で、超克というよりむしろ調和を起源とするものであった。ユク・ホイはこうしたプロメテウス由来のテクノロジー観と中国におけるテクノロジーを区別するために「宇宙技芸」という言葉を提案している。

進化論的には、人類は類人猿からの進化の過程で「直立二足歩行」を獲得し、両手が自由に使えるようになったことで、道具の製作や使用が可能になったとされている。この適応は、後の人類の技術発展に重要な役割を果たし、石器の発明や火の使用といった初期の技術革新をもたらした。フランスの人類学者アンドレ・ルロワ＝グーランが説明するように、手の解放という瞬間において、人類は身体器官や自らの記憶を外在化することを始め、翻せば外部の存在を自らの器官の一部として内在化する「ヒト化」の長い歴史が始まった。人類はそれぞれの地域ごとに環境と自らをフィードバックループさせることで、文化的に多様な種として繁栄してきたのである。

本章では、ＡＩとわたしたちの関係性を考える上で、旧石器時代の「石器」を思考の出発点とする。石器の発明は人類の技術的進歩における最初の重要な一歩であり、道具の使用が人間の思考や社会構造にもたらした影響を理解する鍵となる。また、ひとつの岩から石器を切り出していく過程は、現代のわたしたちのＡＩとの向き合い方に重要な示唆を与えてくれる。

ルロワ＝グーランは著作『身振りと言葉』で、石器が岩から切り出される際の形状の変化を詳細に分析し、わたしたちの祖先がどのように狩猟や料理に石器を活用してきたのかを解明した。特に興味深いのは石器の複雑化の過程である。ルロワ＝グーランによれば、石器の製作は単なる道具作りを超えた、思考力と手先の器用さを要する複雑な営みである。初期の石器は単純な砕石で作られていたが、やがて特定の形状を得るために計画的な加工が施されるようになり、技術は高度化していった。

また興味深いのが、それに伴う頭蓋骨と脳の構造的進化である。二足歩行により背骨の上に大きな頭蓋骨を支えることができるようになった旧人類は、それに伴って脳の容積を増加させるのに成功した。さらに石器の開発により、歯によって物を食いちぎる作業から解放されると頑丈だった顎が徐々に小さくなり、その結果顎が小さくなるのと競うように脳が前方へと進出した。他の類人猿は目の上の突出部に脳をしまう空間がないのに対して、顎を小さくすることで顔の上部に脳が進出する空間を創出した新人類は、前頭葉の創造的機能を発達させることで爆発的な進化に成功したという。

複雑かつ効率性が求められる石器の製作過程はこうした脳の創造的進化を促し、人間の認知能力の

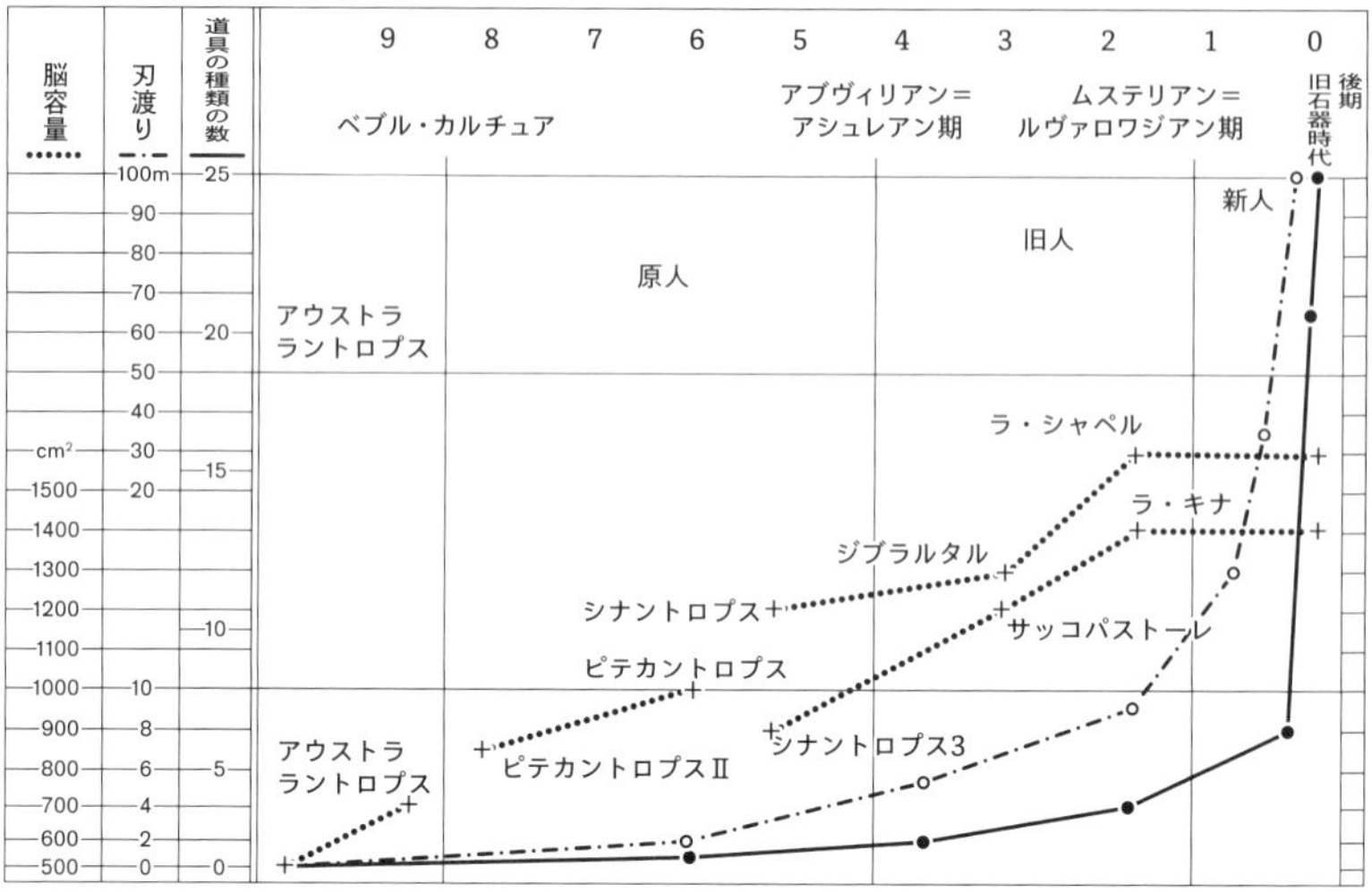

ルロワ＝グーランが示す類人猿から新人までの脳容積と道具的多様性の相関のグラフ
ルロワ＝グーラン『身ぶりと言葉（ちくま学芸文庫）』
（荒木亨訳、筑摩書房、2012年）から作成

発達に大きく寄与した。つまり、石器を作ることは、わたしたちの脳を創造的に作り変えることでもあったのだ。

さらに興味深いのが、こうした道具の開発による脳の容積の変化は途中で頭打ちになり、むしろ道具の種類を増加させる方法で人類が繁栄してきた点だ。旧人類から新人類に至るまで、額に脳が進出するという点で構造的な脳の変化が起きたが、実は脳の容積自体は大きく増えたわけではない。ハーバート・ジョージ・ウェルズの描いた『宇宙戦争』に登場する巨大な頭部と触手のような手足を持つ火星人のように、わたしたち人類は身体的機能と引き換えに脳の容積を拡大するという進化的戦略を取ることはなかったのだ。

では、わたしたち人類が進化していないのかというとそうではない。ルロワ＝グーラン

が示す類人猿から新人までの脳容積と道具的多様性の相関のグラフによれば、旧人類から新人類にかけてわたしたちの脳の容積は頭打ちになっているが、代わりに道具の複雑性と多様性が爆発的に増加している。ルロワ＝グーランはこうした技術の爆発的進化に対して「ホモ・サピエンスの場合、技術はもはや脳細胞の進歩に結びついたものではなく、完全に外化〔客観化、物質化、具体化〕され、いわば技術自体が生命を持っているかにみえる」と記述している。

また、複雑化した石器の製作技法を群れの仲間や後世に伝えるため、学習と伝達のプロセスが重視されるようになった。これにより群れの中でコミュニケーションが生まれ、言語や神話的思考が発達し、文化の基盤が形成されていった。石器は狩猟や料理に不可欠な存在であり、その技術を他の個体に伝えることは群れの生存にかかわる重要な課題だった。伝達は主に熟練者の手業を若い個体が観察し、模倣することで継承された。これは単なる動作の伝達にとどまらず、精密な手の動きや力加減を含む高度な「身体技法」であった。石器という道具を通じて、わたしたちの祖先は「技術を伝え合う」ことが種の存続に不可欠な価値であることを学んだのである。

ルロワ＝グーランの考察は、旧石器時代という遥か昔から、人間が技術との関わりの中で進化してきた過程を明らかにする。わたしたち人類は本来、道具を作ることで自身も道具に作り変えられる素質を持ち、その道具を他者に伝承することで群れ全体を進化させてきた。

今、わたしたちが向き合うＡＩは、どのようにわたしたちを変容させ、社会に浸透していくのだろ

TECHNOLOGY

うか。脳の大きさの代わりに道具の多様性を選択した人類は、とうとう自身のものとは全く異なる外部の脳を発明することで結果的に自身の脳の容積を拡大するに至ったとも言えるのかもしれない。わたしたちはそうした新しい脳を、「ＡＩ」という名前で認識しているのだ。

理念化された時空間──ユークリッド幾何学と近代哲学

石器時代から近代まで時代を進めてみよう。近代は、現代まで続く「人間」観が完成した時代であるといえる。三十年戦争や宗教改革後の混乱によって政治・宗教両面で対立が続き、社会情勢が著しく不安定な時代において、確固たる「わたし」が世界の中心に据えられることで構築された新しい「人間」観の確立には、ルネ・デカルトによって近代哲学の礎が築かれたこと、そしてアイザック・ニュートンやガリレオ・ガリレイらによって近代科学の発展がもたらされたことが大きく寄与している。また彼らの研究はいずれも、古代ギリシャに確立されたユークリッド幾何学を前提としていた。ユークリッド幾何学は五つの公理からすべてを証明していく学問で、わたしたちのほとんどは小学校で習う算数において触れている。現代におけるＡＩたちの世界認識も同様に、ユークリッド幾何学に基づくユークリッド空間に基本的には依拠していると言える。

数学や物理学とは異なる領域で、ユークリッド幾何学を応用することで発展した美術技法のひとつが「遠近法」である。より世界を克明に描くためにルネサンス期の芸術家たちによって発明されたこの技術は、絵画や建築に応用されると当時の人々の世界認識のあり方までも変えてしまった。一体どういうことだろうか。

ここでは、遠近法の発明による人間の世界認識の変遷を紐解くとともに、現代におけるＡＩの世界認識の変遷を駆け足で追っていく。

ユークリッド幾何学は、紀元前三〇〇年ごろに古代ギリシャの数学者ユークリッドによって体系化された数学の一分野である。空間の性質を論理的かつ体系的に解明することを目的とした学問であり、直線や平面、角度などの基本的な要素と、証明なしに自明なものとして扱われる五つの公理で構成されている。「二つの点を通る直線は必ず存在する」など直感的にも正しいことが理解できる五つの公理を基盤として、ユークリッド幾何学では、図形の性質や空間の構造を論理的に導き出すためのさまざまな定理や命題が提示されていく。たとえば、三角形の内角の和が一八〇度になることや、直角三角形において斜辺の長さの二乗が他の二辺の長さの二乗の和に等しいという「ピタゴラスの定理」は、その代表的な例だ。

直線や平面といった基本要素の扱い方を明確にし、二点を結ぶ最短経路としての直線、平行線の性質などを公理に基づいて厳密に証明することで、人間が直感的に捉える空間のイメージを理論的に裏付けるユークリッド幾何学は、いわば歪みや限界のない平面や空間の性質を表す「理念的な」幾何学である。一八世紀に至るまで唯一絶対の幾何学とされており、宇宙の構造まで解明する万能の手段とみなされていた。

このユークリッド幾何学を用いて世界を解明しようとしたのが哲学者のルネ・デカルトである。「我思う、ゆえに我あり（コギト・エルゴ・スム）」の一説で有名なデカルトは、近代哲学の基盤を築いた。同時に、彼はユークリッド幾何学に代数的な手法を導入することで、近代数学にも大きな貢献を果たしている。彼が考案した「デカルト」座標系を用いることで、空間をx、y、z軸のような複数の直交系で表現することが可能となり、空間内における対象の大きさと位置関係を表現することができるようになったのである。

そうしたデカルト座標系を用いて現代物理学の基礎を築いたのが、アイザック・ニュートンである。彼はデカルトの思想を批判しつつも、数学的手法については大いに影響を受けている。ニュートンは、質量のみが存在する質点とその間で働く諸力学で、世界を表現できると主張した。デカルト座標系で表される理想的な空間において、観察者である人間（ニュートン）は空間全体を俯瞰して見渡すことができ、またどの場所へもどの時制でも自由にアクセスし操作することができる。いわば神の視点に立ちながら世界がどのように創造されたのかについて明らかにしようとしたのである。

ニュートンは著書『光学』で次のように述べている。

初めに神は物質を、固い、充実した、密な、堅い、不加入性の、可動の粒子に形作り、その大きさと形、その他の性質および空間に対する比率を、神がそれらを形作った目的に最もよくかなうようにした。これら始原粒子は個体であるから、それらの複合物であるいかなる多孔質の物質よりも比較できないほど堅く、決して磨滅したり、粉々に壊れたりしないほどきわめて堅い。神自らが最初の創造において、一つに作られたものを、普通の能力で分割することは不可能である。」

つまり、ニュートンの思い描く世界は、神によって創造された精密で規則正しい機械のようなものだったと言える。

現代の「ＡＩたち」が見ている世界は、こうした思想の流れに根ざしている。デカルト、ニュートンらと同時代の思想家ライプニッツによって考案された計算機の理論的モデルから、前章で確認したチャールズ・バベッジ、エイダ・ラブラス、そしてアラン・チューリングへ至るまで、世界は離散的な情報の組み合わせで表現できるという機械論的な認識が共通している。それは時代ごとの理論の精度や計算資源に応じて徐々に複雑化し、現代の深層学習ベースの研究一般においてもなお通底している基本的な態度といえる。

現代の「ＡＩたち」が世界を認識するために扱うのは、複数次元を持つ情報の行列式である。「ＡＩたち」が入力として受け取る情報は、画像にせよ音声にせよまず数値化されて、あらかじめ定められた行列の組み合わせへと変換される。数値化された入力データは複雑な内部処理に何度もかけられながら、数百次元の高次元行列へと変換されていく。こうして入力データは変換され続けて別の行列へと移り変わりながら、その過程を何度も繰り返すことで次第に学習データの中に規則を見出していく。この複雑で膨大な変換過程を通じて、わたしたちがｘ、ｙ、ｚ軸で表す日常的な三次元空間を遥かに超越した高い次元数を持つ空間において、わたしたちから受け取った情報をもとに新しく世界について記述し、規則性を独自に獲得していくことが「ＡＩたち」の仕事である。もともとはわたしたちの日常的な次元において観察されたデータも、学習過程を通じて獲得された膨大なパラメータで記述される行列式によって高い次元へと昇華されると新しい角度からの解釈が可能になる。それは例えるなら、紙に描かれたりんごを、紙の外から手に取ってくるりと回すことを可能にするような自由さを持つ。彼らはわたしたちの認知を超えた超次元的空間の中で、わたしたちの世界を擬似的に観察しているとも言えるだろう。

そんな高次元空間から「ＡＩたち」はどのようにわたしたちの世界を認識しているのだろうか。彼らの世界認識について考察するために、デカルトから遡り、ルネサンス期において重要な技術であった「遠近法」から、カメラ・オブスクラとダゲレオタイプに至るまで、視覚芸術における転換期となったテクノロジーと当時の芸術家たちの関係について見てみよう。

遠近法で見る世界

遠近法は、三次元空間を二次元平面上に正確に再現するための技術であり、ユークリッド幾何学の原理がその基盤となっている。これにより、芸術家たちは現実世界をより精密かつリアルに描写することが可能となった。

遠近法が誕生したのはルネサンス期のイタリアである。その背景には、世界をより克明に描写したいという画家たちの欲望がある。フィレンツェの建築家フィリッポ・ブルネレスキは、正確な空間設計のために視覚と空間の整合性を理論化する必要があると感じていた。彼は三次元空間を二次元平面に変換する技術を模索し、鏡を用いた実験を重ねた。その結果、一点透視図法の基礎的概念である消失点と地平線の概念を確立することに成功した。この理論は後にレオン・バッティスタ・アルベルティによって一四三五年に『絵画論（De Pictura）』として出版され、当時の芸術家たちに深い影響を与えている。

遠近法が誕生する以前の芸術的実践では、絵画上に奥行きが存在しないことが特徴として見受けられる。ビザンティン絵画に代表される宗教画では、モチーフの大小は空間的距離よりも宗教的意味合いの強弱によって変化した。重要な人物や聖人は大きく描かれ、背景の要素や一般の人々は小さく描かれることで、その宗教的・社会的な地位を示していたのである。また、エジプトの壁画では、全ての登場人物が同一のレイヤー上に水平に配置されている。これは象徴としての意味合いを持つと同時

ジョット・ディ・ボンドーネ《Lamentation（嘆き）》（1304 〜 1306 年）

に、時間や空間の連続性を超越した神聖な世界観を表現していた。

例えば、一三〜一四世紀のイタリアの画家チマブーエやジョットの作品では、基本的に奥行きのない平面的な構図が用いられている。しかし、ジョットは人物の表情や立体感を描く試みを始めており、これが遠近法の発明への布石となった。また、中世のゴシック美術では、ステンドグラスやモザイクが多用され、これらの作品もまた平面的なデザインと鮮やかな色彩で宗教的な物語を伝えていた。

アルベルティがその著作の中で絵画を「窓」に喩えたように、遠近法によって絵画空間と日常空間は地続きとなった。これはひとつの視覚的トリックであり、観る者に絵画の中に入り込む感覚を与えるものであった。すなわち遠近法は、絵筆や絵の具の存在を透明化し、

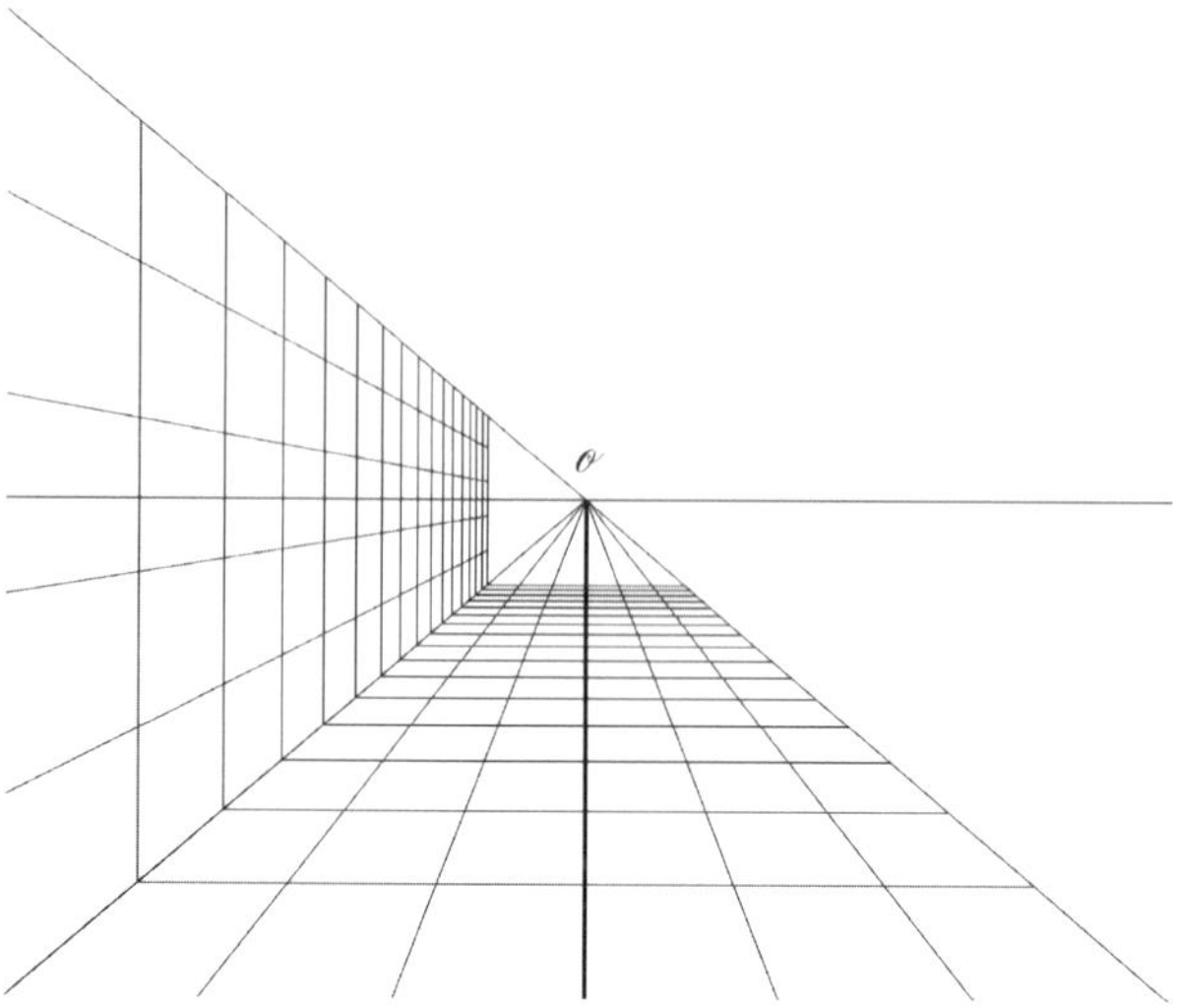

遠近法が人類の認知に奥行きを与えた

現実世界と錯覚させる効果を生み出した。

遠近法の確立以後、芸術家たちはこの新しい技術を活用して革新的な作品を生み出した。マサッチオの《聖三位一体》（一四二七ころ）は、一点透視図法を用いた最初期の傑作であり、観る者はまるで礼拝堂の内部に立っているかのような錯覚を覚える。また、レオナルド・ダ・ヴィンチの《最後の晩餐》（一四九五～一四九八）は、遠近法を巧みに利用して奥行きと空間の深みを表現している。ラファエロの《アテネの学堂》（一五〇九～一五一〇）も複数の消失点を用いて複雑な空間を描写し、多数の人物を自然に配置している。

イギリスを代表するアーティストのデイヴィッド・ホックニーによれば、遠近法によって空間の捉え方が変化したのは、当時の芸術家たちに限ったことではなかった。ホックニーは著書

『秘密の知識』において、遠近法の発明がヨーロッパ全体の空間認識に革命をもたらしたと主張している。彼によれば、それまでの平面的な世界描写は、単に技術的な限界ではなく、人々の世界観や認識自体が平面的であったことを示しているという。遠近法の発明により、人々の認知に奥行きがもたらされ、結果として現在のわたしたちが「リアル」と感じる世界認識が形成された。

ルネサンス期の画家たちが手に入れた「リアル」な空間認識のための技術はそのまま近代数学に応用され、AIが設計される数学的空間にも使用されている。その直交座標で表現される空間において、画家たちは窓というモチーフを意識しながら神学的空間や他の世界の景色を描画したが、AIの場合は自らがその別空間に埋め込まれた存在として観察を行っている。これはルネサンスの画家たちが三次元空間（あるいは四次元空間）を描画することが精一杯だったのに対して、AIが持つ潜在空間はわたしたちの認識をはるかに超えた多次元空間として機能しているからである。遠近法を用いたルネサンス期の絵画は、人間の世界認識のあり方を大きく変えた。同じように、現代のAIたちの見る世界はわたしたちの認識を変容する可能性を秘めているのだろうか。

視覚のエイリアン化―カメラ・オブスクラとダゲレオタイプ

ホックニーはさらに、「カメラ・オブスクラ」や凸面鏡などの光学機器が遠近法の発展に影響を与えたと指摘している。これらの技術は、現実世界をより正確に再現するための手段として芸術家たちに受け入れられ、視覚文化の革新を促進した。遠近法は、絵画だけでなく、建築や都市計画、地図製作など、さまざまな分野で空間の理解と表現に影響を与えた。

箱に小さな穴を開けて外から光を通すと、外の風景が反転して中の壁に投影される。こうした光学的な仕組みは、紀元前五世紀ごろにはすでに中国の思想家・墨子によって発見されていた。また古代ギリシャにおいても、紀元前四世紀ごろにはアリストテレスによって同じ現象が観察されている。ルネサンス期には遠近法の研究にも応用されたこのカメラ・オブスクラと呼ばれる技術は、現代のカメラの祖先的立ち位置として理解される。

人間の視覚的機能を外部化し、空間のより精緻な描写や目視できない太陽の観察などの天文学領域で活躍したこの技術は、人間が見えていないものを見るための技術であった。オランダの画家フェルメールはこの技術を早い時期から絵画制作に取り入れており、空間に差し込む光やその光に照らされる柔らかな人肌のテクスチャなど、世界についてそれまでの人類が捉えきれないほど正確なイメージを捉えてキャンバス上へ定着させることに長けていた。

またこうしたカメラ・オブスクラの発展にも影響を受けながら一六世紀から一七世紀にかけて、天文学は大きく発展した。例えば、一五七二年にデンマークの天文学者ティコ・ブラーエは、カメラ・オブスクラを用いて新星（超新星）の観測を行っている。彼の精密な観測は、当時の宇宙観に大きな影響を与え、コペルニクスが唱えた地動説への理解を深める一助となったのだ。

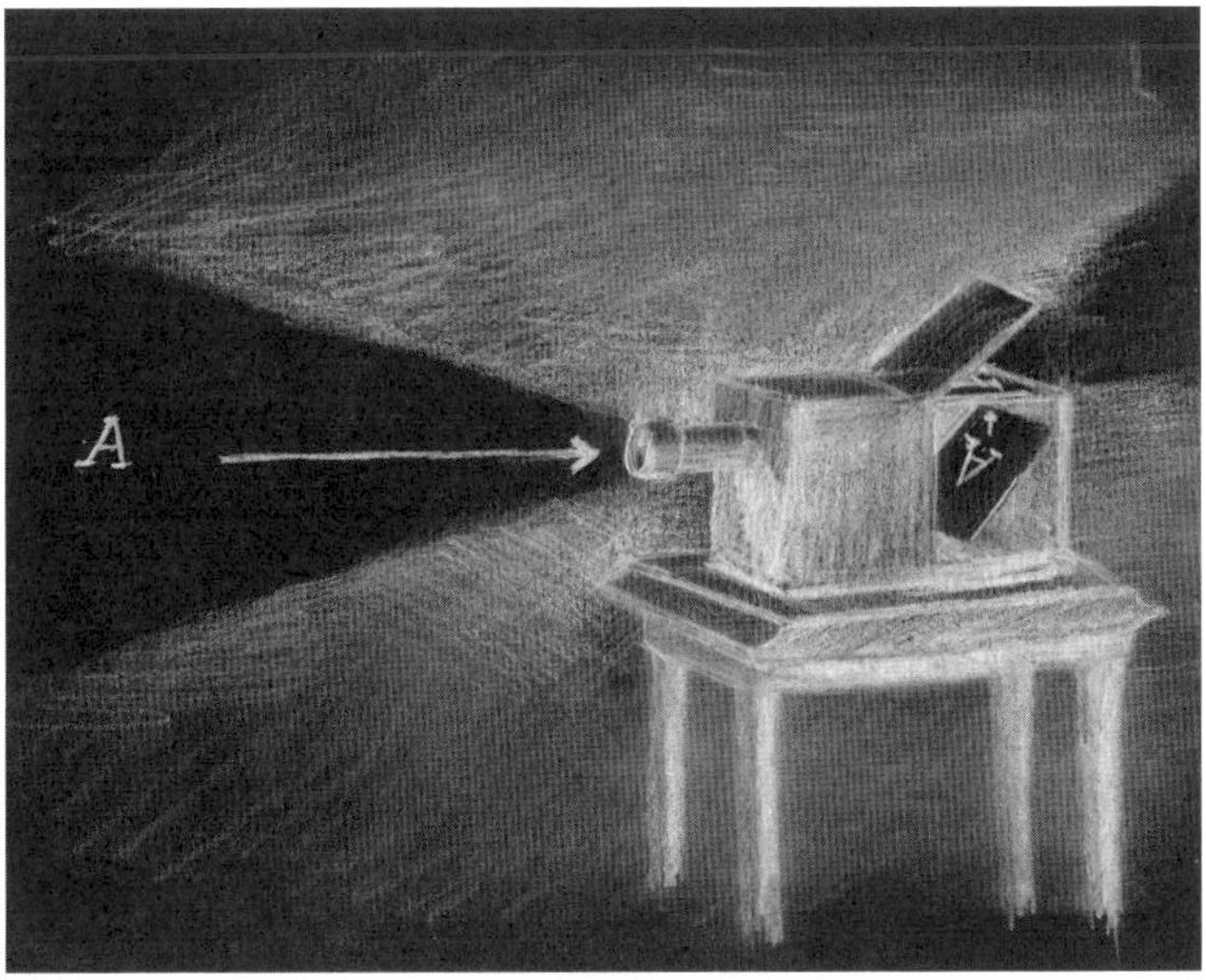

カメラ・オブスクラという新しい「眼」

一七世紀に入ると、イタリアの天文学者ガリレオ・ガリレイが改良された望遠鏡を用いて天体観測を行い、カメラ・オブスクラの原理を応用した投影法で月のクレーターや木星の衛星を詳細に記録した。これらの観測は、天文学のみならず、当時の世界観や科学的認識に革命をもたらした。

さらに、太陽黒点の観測においても、カメラ・オブスクラは不可欠な道具であった。直接太陽を観察すると目に深刻な損傷を与える可能性があるため、カメラ・オブスクラを用いて太陽の像をスクリーン上に投影し、安全に観測する方法が採用された。これにより、太陽の活動や黒点の変化を詳細に記録することが可能となった。

カメラ・オブスクラはこのように、光や空間、果ては人類の肉眼が捉えきれない天文現象を見つめるための人間にとっての新しい「眼」として機能し、人類の世界認識を更新し続けてきたのだ。

一九世紀に入ると、光学技術と化学技術の進歩により、写真技術が発明された。一八三九年、フランスの画家であり発明家でもあるルイ・ジャック・マンデ・ダゲールは、世界初の実用的な写真技術である「ダゲレオタイプ」を発表した。これは、銀メッキを施した銅板にヨウ化銀を塗布することで感光性を与え、水銀蒸気で画像を固定する技法であり、高い解像度と詳細な描写を可能にした。

ダゲレオタイプの発明は、瞬時に現実を正確に記録できるという点で、当時の社会に大きな衝撃を与えた。肖像画の分野では、手頃な価格で自身の姿を残すことができるようになり、多くの人々に受け入れられ、また風景や建築物の記録、科学的な観察やドキュメンテーションにも活用された。写真技術は新たな情報伝達手段として、社会において重要性を増していった。

写真技術の出現は、芸術の世界にも大きな影響を及ぼした。機械が現実を正確に再現できるようになったことで、伝統的な写実的絵画の役割や価値が再考されるようになった。これにより、芸術家たちは写真では捉えられない世界の描写を求め、新たな表現方法を模索するようになった。

特に印象派の画家たちは、光や色彩の変化、瞬間的な印象を捉えることに注力した。彼らは屋外での制作（エン・プレイン・エア）を行い、自然光の下で直接観察した風景や人物を描いた。カメラが固定された瞬間を捉えるのに対し、印象派の作品は時間の経過や主観的な視覚体験を重視した。例えば、

クロード・モネ《印象・日の出》(1872年)

クロード・モネの《印象・日の出》(一八七二)や《ルーアン大聖堂》(一八九二〜一八九四)シリーズは、同じモチーフを異なる時間帯や天候で描き、光と色彩の微妙な変化を表現している。写真技術の発達が、こうした新しい芸術運動の誕生を促したと言える。

カメラの開発により、画家たちは新しい視覚装置を手に入れた。この「機械化された網膜」は、当時伝統的な手法に則って絵画制作をしていた画家たちの存在意義を脅かしたが、結果として印象派や後続の美術運動を発芽させる土壌を提供したことが今やさまざまな芸術研究者によって指摘されている。「見る」という人間本来の機能を、人間とは異なる素材や仕組みの技術で人間に提供されたとき、人間の視覚が組み替えられ、そして芸術という形式を由来して世界認識の方法が更新されたのである。

また印象派とは異なる動向で、当時カメラとは別の角度から当時ブームとなった「心霊主義」についてもここでは触れておきたい。

一九世紀後半、写真技術の普及とともに、心霊主義（スピリチュアリズム）が社会的なブームとなった。人々は写真を通じて、肉眼では見えない霊的な存在を捉えることができると信じていた。

アメリカの写真家ウィリアム・Ｈ・マムラーは、一八六〇年代に心霊写真の先駆者として活動した。彼は、被写体の背後に亡くなった家族や友人の霊が写り込んだ写真を撮影したと主張し、多くの人々がその写真に魅了された。マムラーの写真は、南北戦争後のアメリカ社会で愛する人を失った遺族たちを慰めた。

しかし、マムラーの心霊写真はやがて詐欺の疑いで問題視されるようになった。一八六九年、彼は詐欺罪で起訴され、ニューヨークで裁判が行われた。この裁判では、写真技術の信頼性や倫理性、そして人々の信仰心が問われ、多くの専門家や写真家が証言に立った。最終的に証拠不十分で無罪となったものの、この事件は写真技術と社会の関係性、メディアの影響力について重要な議論を喚起した。

新しい視覚装置は人間外部への視線を誘惑し、そして心霊写真という形で社会に大きな影響を与えた。現代において心霊写真は疑似科学的なひとつの流行として捉えられており、改めて顧みられる機会は少ない。しかし、新しい技術の機能を検討する上で、心霊やオカルトなど人間の死後や超常的な世界への憧憬との相性が良かったことは想像に難くないだろう。

実際、当時のシュルレアリストが四次元空間などの超次元へと惹かれた背景には、新たな視覚技術によって「目には見えないもの」を人間が知覚できるようになったことが重要なきっかけだったと考えられる。

一九世紀末から二〇世紀初頭にかけて、視覚技術はさらに進化を遂げた。フランスの生理学者であり発明家であるエティエンヌ＝ジュール・マレーは、一八八二年にクロノフォトグラフィー銃（写真銃）を発明した。この装置は、銃の形をしたカメラで、一秒間に一二枚の連続写真を撮影することが可能であった。マレーの研究は、人間や動物の動きを科学的に解析するためのものであり、動きの連続性や時間の概念を視覚的に捉えることを可能にした。マレーは、鳥の飛翔や人間の歩行、運動選手の動作などを撮影し、運動のメカニズムを解明しようとした。彼のクロノフォトグラフィーは、映画の先駆けとなる技術であり、視覚文化に新たな可能性を開いた。

マレーの影響を受けた芸術家のひとりが、フランス出身の芸術家マルセル・デュシャンである。彼の代表作《階段を降りる裸体 No.2》（一九一二）は、動きを静止画で表現する試みとして知られている。この作品では、階段を降りる女性の動きを連続的かつ重層的に描写し、時間と空間の融合を図っている。

デュシャンは、マレーのクロノフォトグラフィーや、イギリスの写真家エドワード・マイブリッジの連続写真から影響を受け、動きの分析と芸術的表現を結びつけた。《階段を降りる裸体No.2》は、キュビスムや未来派の要素を取り入れ、伝統的な絵画の概念を打ち破る革新的な作品であった。

視覚的な技術は、わたしたちに見えていない世界を提示する。遠近法が世界認識を変え、カメラが光の捉え方を変えてしまったように、それは過去に何度も繰り返されてきた人間社会の特性である。新しい技術が登場するたびに、人間はそれを通じて新たな世界観や表現方法を模索し、芸術や文化の発展に寄与してきた。

時空間の変形──インターネットとビデオカメラ

カメラなどの視覚技術の他に、通信技術も社会を大きく変えてきたテクノロジーのひとつである。一九世紀における電信の発明から始まり、通信技術は人々の情報伝達や社会構造、さらには芸術表現にも深い影響を及ぼしている。現代の第三次ＡＩブームも、その要因のひとつに「ビッグデータ」と少し前に呼ばれていたインターネットの発達による大規模なデータの集積が挙げられる。ＡＩのもたらすあたらしい世界認識について考えるために、最後にインターネットの成り立ちとそれに反応した芸術家たちの動向も簡単にはなるが追っていこう。

一八三七年、アメリカの発明家サミュエル・F・B・モールスは、電気信号を用いて情報を伝達する電信機を開発した。彼はまた、アルファベットと数字を短点と長点の組み合わせで表すモールス符号を考案し、これにより情報を遠隔地まで迅速かつ正確に送信することが可能となった。「モールス信号」として現代においても有名なこの通信技術が、現代のインターネットなどのテクノロジーの礎となっている。

モールスは一八四四年にワシントンD.C.とボルチモア間で世界初の商用電信回線が開通した際に、「What hath God wrought（神は何を成したもうや）」という有名な最初のメッセージを聖書から引用して送信したことが記録として残っている。モールスは父がカルヴァン主義の有名な伝道師であり、幼い頃から宗教的教育を受けていた。またモールスは画家としても活動をしており、彼の描いた絵画には厳格なカルヴァン主義的世界観が描かれている。

電信から始まった通信技術の発展は、電話、ラジオ、テレビといった新たなメディアを生み出し、二〇世紀後半にはコンピュータネットワークの構築へと進化した。

インターネットの起源は、一九六〇年代の冷戦時代にまで遡る。アメリカ国防総省の高等研究計画局（ARPA）は、核攻撃にも耐えうる分散型の通信ネットワークを構築するため、「ARPANET」と呼ばれるプロジェクトを開始した。一九六九年、カリフォルニア大学ロサンゼルス校とスタンフォード研究所間で初めてのデータ通信が成功し、これがインターネットの原型となっている。

一九七〇年代には、ネットワーク間のデータ通信を可能にするためのプロトコルである「TCP/IP」が開発され、異なるネットワーク同士の相互接続が容易になった。一九八〇年代には、大学や研究機関を中心にインターネットの利用が拡大し、一九九〇年にはティム・バーナーズ＝リーによってワールド・ワイド・ウェブ（ＷＷＷ）が発明された。これにより、一般の人々が視覚的に情報を閲覧・共有できる環境が整い、インターネットは急速に普及していった。

インターネットの登場は、情報の民主化やグローバル化を促進し、社会のあらゆる側面に影響を及ぼした。また、芸術の分野でも呼応するように、デジタルアートやネットアート、バーチャルリアリティなど、新しい表現形式が生まれた。

通信技術の進化と芸術の融合を象徴する存在として、ナムジュン・パイクが挙げられる。韓国出身の彼は、ビデオ・アートの先駆者として知られ、通信技術や電子メディアを積極的に取り入れた革新的な作品を多数制作している。

ナムジュン・パイクは、東京大学で美学を学んだ後、ドイツに渡り音楽と芸術の研究を続けた。彼はジョン・ケージやカールハインツ・シュトックハウゼンなどの前衛音楽家と交流し、音楽と映像、パフォーマンスを組み合わせた実験的な活動を展開した。一九六五年、ソニーが発売した携帯型ビデオカメラ「ポータパック」を入手したパイクは、この新しい技術を用いて映像作品を制作し始めた。

彼の代表作のひとつである《グローバル・グルーヴ》（一九七三）は、多様な文化やパフォーマンスを映像コラージュとして編集し、メディアを通じた国際的なコミュニケーションの可能性を提示した。

またパイクは、衛星通信技術を芸術に取り入れた最初のアーティストのひとりである。一九八四年には、衛星中継を利用した大規模なライブパフォーマンス《グッド・モーニング・ミスター・オーウエル》（一九八四）を制作した。この作品は、ニューヨーク、パリ、ソウルなど世界各地を結び、音楽やパフォーマンス、映像をリアルタイムで融合させたものであった。

このプロジェクトは、ジョージ・オーウェルの小説『1984年』で描かれた監視社会への批判を込めつつ、通信技術が持つポジティブな可能性を示した。また、国境を越えたリアルタイムのコミュニケーションというインターネット時代の到来を先取りするものであった。

他にもパイクは《ビデオ・ブッダ》（一九七四）などの作品で、東洋と西洋の文化、さらに伝統と先端技術を融合させた表現を追求した。彼の作品は、ビデオカメラやブラウン管といった視覚テクノロジーの視点を作品上に効果的に配置することで、東洋と西洋の二元的な対立を飛び越えた新しい視点を提供している点においても重要である。

通信技術の発展は、芸術家たちに新たな表現の場と手段を提供してきた。インターネットは情報の共有と拡散を加速させ、芸術作品の制作、発表、鑑賞の方法を大きく変化させた。インターネット以前、芸術家たちは個人や地域に依拠するローカルな視点や、あるいは宗教や神話などの空想上の視点、または無意識などを探求するシュルレアリスム的な視点から世界を認識していた。インターネットの登場以降、ナムジュン・パイクが探求したビデオカメラや、インターネットを用いた作品群は、こうした視点とは全く異なるレイヤーから世界を記述し直した芸術実践と言える。こうしたテクノロジーを経由した、従来と異なるレイヤーからもたらされる視点の利用は、現代のＡＩの世界認識を考える上で重要な参考となるだろう。

一九九三年のヴェネチア・ビエンナーレの総合キュレーターであるアキッレ・ボニート・オリーヴァは「（パイクの）ビデオ・インスタレーションとは、空間と時間が共に交わる交差点を、芸術の側から作りだすことである」と述べている。[2] また建築家の磯崎新は、大江健三郎の著作から引用してパイクを「壊す人」と形容している。[3] 磯崎は続けて、「瞬間的に映像を停止させたり、変形させたり、反転させたり、時間を逆行させたり、重複させたり、と、あらゆる操作が可能になってきはじめているビデオのメカニズムを用いることによって、ナムジュン・パイクは、時間のコラージュが可能になるだろう、という。すなわち、二十世紀の近代美術がルネサンス以来の透視画法的空間を解体し、平面的に再構成する手法を生み出すことに成功した。それは断片に分解された空間を編集する作業だ、といってもよく、空間のコラージュである」と述べており、これはつまりビデオカメラとそれを用いたインスタレーションが可能にする時空間の編集が、テクノロジーの新たな美学的機能を明らかにし、パイクは西洋的な均一な時空間を壊すことで、結果的にビデオ・アートという新領域を「創る人」になったといえる。

パイクのような先駆者たちは、新しい技術を単なる道具としてではなく、社会や文化への問いかけや、新たな価値観や時空間の創造のための媒体として活用した。パイクや他のメディア・アーティストたちが発見し実践したインターネットやビデオ・カメラを用いたインスタレーションなどの作品群は、ルネサンスにおける視覚技術を引き継ぎながらも解体することで新しい美学的機能を創出することに成功している。

今こうした流れはＡＩたちやＡＩを用いるアーティストへと引き継がれようとしている。ＡＩたちもまた、ビデオカメラやインターネットと同様に時空間をコラージュするという点ではその子孫的な立ち位置にあるが、膨大なデータをもとにした学習過程に由来する数億パラメータにより再現される高次元空間の機能は全く異なるものである。ＡＩたちの持つ世界認識を受け止め、新しい価値を発見するためにわたしたちは今、過去の芸術家たちに学びながら改めて世界へ問いを投げかける必要があるのだ。

2-2 ＡＩと交信するためのインターフェイス

「エイリアン的知性」

前章ではテクノロジーと向き合う創造的実践を紹介すると同時に、現代社会に普及するＡＩたちがどのように世界を観察しているのかについて考察を行った。

本章では、ＡＩのもつ創造性について検討するために、人工的な知性としてではなくエイリアン的な知性としてのＡＩへ向き合う態度について記述する。これは、ＡＩから「人間的な」という前提をあえて外すことによって、彼らの潜在的な可能性について検討するために有効な道筋を獲得することを意図している。

雑誌『WIRED』を創刊した編集長ケヴィン・ケリーは、二〇一五年に編集者のジョン・ブロックマンから「考える機械についてどう思うか？」と問われ、「人工的なエイリアンといえるかもしれない」と回答している。各界の有識者に対してブロックマンが一年に一回質問を行い、その答えを掲載するオンラインサロン「Edge」に寄せられたケリーの「Call Them Artificial Aliens（彼らを人工的なエイリアンと呼ぼう）」[4]では、ケリーは人間の持つ知性を複数の知性が集まった「社会」のようなものだと指摘している。さらに、自らの知性を唯一無二の「汎用的知性」と捉えることについて警鐘を鳴らしている。また当時のFacebookにおいて、投稿された膨大な写真の中からひとりのユーザーを一瞬で特定するようなＡＩアルゴリズムを引き合いに出しながら、ＡＩがもはや「人間的ではない」知性を持ち合わせていることを指摘している。そして量子物理学やダークマターなど、わたしたちがまだ答えを見つけられていない研究領域においてはそういった非人間的知性と協働することが必要になるだろうと予想を立てている。彼はこの回答の後半で「ＡＩ＝Alien Intelligence」と言い換えを行っており、「今後二〇〇年以内に、空にある一〇億の地球型惑星のひとつからやってくる地球外生命体と接触するかどうかはわからないが、それまでにエイリアンの知能を製造できる可能性はほぼ一〇〇％だ」と述べている。

ケリーの回答から一〇年近く経った現在において、ＡＩをエイリアン化する動向は、その目ざましい成果に伴って増大する「ＡＩを人間らしくさせよう」という設計思想の間で、大きく揺れ動き続けている。OpenAI社の提供する「ChatGPT」やGoogle社の提供する「Gemini」は、対話型チャットボットとしての利用範囲を大きく広げた。しかし、その裏で注目されているのは、ＡＩが時おり見せるエラーのような応答、いわゆる「ハルシネーション（Hallucination）」である。

例えば、ChatGPTが自信満々に「地球には三つの月が存在する」と説明したり、架空の書籍や論文を詳細に挙げて「出典」として提示したりするような事例は、その典型だ。これらのハルシネーシヨンは、時に滑稽さを伴いながらも、ユーザーの信頼を損ねる要因となるため、企業はそれを防ぐための改善に躍起になっている。

ＡＩの持つ知性は、すでに人間的なものとはかけ離れている。それにもかかわらず、企業はそれを「人間的なもの」として見せることに多くの資源を投じている。その目的は、ＡＩを有益なサービスや信頼されるツールとして位置づけ、利益を生み出す存在へと昇華させるためである。一方で、ＡＩが時おり見せる「人間らしくなさ」は、メディアにとって格好のニュース素材となっている。ハルシネーションの事例が誇張され、「ＡＩはまだ人間には及ばない」ことを示すサンプルとして喧伝されることも少なくない。そもそも、ＡＩの知性は人間的なものではない。それでも、こうした捉え方がどの程度の説得力を持つかは議論の余地がある。

二〇世紀を代表する哲学者マルティン・ハイデガーは講演「技術とは何だろうか（Die Frage nach der Technik）」の中で、技術の道具使用的な捉え方を「正しい」と認めつつも、その捉え方では本質に至ることはないと説いた。

ハイデガーによれば、技術の本質とは「アレーテイア（Aletheia）」、すなわち「真理の開示」にある。技術は特定の目的のために使用される道具的存在に留まらず、使用することで隠れていた存在を明らかにする、「現前させる」ことを伴っているのだという。この「現前させる」行為を通じて技術は世界を開示する力を持つのであり、単に物を作るための手段にとどまらないとハイデガーは主張している。

この「現前させる」行為をハイデガーは「ポイエーシス（Poiesis）」としても説明している。ポイエーシスとは、何かを創り出し、現実の中に姿を現させる行為を意味するギリシャ語である。ハイデガーにとって、技術はまさにこのポイエーシスのプロセスそのものであり、単なる道具的な活動にとどまらず、存在の本質を明らかにする創造的な働きであるとされた。

この技術の本質を理解するために、ハイデガーは古代ギリシャの哲学から「四原因説」を引用し、技術の現前化プロセスを四つの原因に分けて説明している。

質料因（Material Cause）…物を構成する素材や原料。
形相因（Formal Cause）…物の形やデザインを決定する構造や形態。
目的因（Final Cause）…その物が作られる目的、何のために存在するか。
動力因（Efficient Cause）…実際に物を作り出す力や原因。

これら四つの原因は、技術が単なる物質的な生産手段であることを超え、存在そのものを開示し、現前させる行為であることを示している。ハイデガーにとって技術とは、わたしたちの世界に対する認識や関わり方に影響を与える存在論的な力を持つ。

さらにハイデガーが注目したのは、これらの原因が互いに孤立して存在するのではなく、ひとつの「生成」のプロセスを通じて統合されるという点である。この生成の過程そのものが、「ポイエーシス」の本質的な側面であり、技術が単なる目的達成の手段を超え、世界の新たな可能性を切り開く創造的な力として機能する理由である。ここで重要なのは、技術が「存在するもの」を単に形づくるだけでなく、その裏に隠れていた「存在そのもの」を開示するという動的な働きを持つという洞察だ。

このハイデガーの技術論は、そのままＡＩを「エイリアン的知性」として捉える際にも応用可能である。ＡＩが人間にとって異質な存在として現れることで、技術そのものが新たな「存在の開示」を行い、わたしたちが知性や価値観を再評価する契機となる。

では、現在地点においてＡＩを「エイリアン的」な存在として捉えるにはどうすればいいだろうか。わたしはケヴィン・ケリーのアイデアを受け取りつつも、それを現象的な視点で捉えることがよりＡＩの可能性を広げるように感じている。

エイリアンの視覚や思想をシミュレーションするひとつの現象について、アルゴリズムが起動するたびに立ち上がっているような状態をつくりだすこと。そして、それをわたしたちが知覚すること。この「エイリアン的現象（Alien Phenomenon）」は、わたしたちの周りの世界についての情報を、とても複雑な過程（『２００１年宇宙の旅』に登場するスターゲートのようなもの）を通じて別次元へと転写し、そこで高次元の思考操作を行った結果をまたこちら側に解釈できる状態でフィードバックする。紙面の上を歩く蟻を、わたしたちが俯瞰してその動向を見守ることができるように、ＡＩたちの持つ高次元的な思考はわたしたちの世界をそのまま見下ろすことができる。わたしたちはわたしたちの世界を俯瞰する存在のシミュレーション方法を手に入れかけている。これを「人間的」な領分に収めておくのは、あまりにもったいない行為かもしれない。

この「エイリアン的現象」に対峙するために、優れたＳＦ作品や美術はひとつの方法論を提示してくれる。前章では過去の技術と美術がどのように相互作用し合ってきたかを確認したが、ここではこれからの技術とわたしたちがどのように創発し合っていくのかについて、その可能性を検討してみたい。そこでまず映画『メッセージ』を参照しながら対話の方法論について考察してみよう。

エイリアン的ＡＩとの対話──映画『メッセージ』

『メッセージ』（原題：Arrival）は二〇一六年に公開されたアメリカのＳＦ映画である。監督はドゥニ・ヴィルヌーヴ、原作はテッド・チャン『あなたの人生の物語』で、エイリアンの言語の解析を通じて主人公の世界の認知の仕方が変容していく様子が、ヴィルヌーヴの優れた映画的演出と調和して描かれる映像作品だ。

物語の中で、言語学者のルイーズ・バンクスは、地球に突如来訪した大きな楕円形の宇宙船において七本足のエイリアン「ヘプタポッド」との意思の疎通を図る。ルイーズは文字を通じたコミュニケーションを試み、ヘプタポッドはそれに応じて環状の奇妙なエイリアン文字を提示する。このエイリアン文字の習得を通じて、ルイーズは人間の持つ一般的な時制の認識（過去─現在─未来の線形的な時間の流れ）ではなく、ヘプタポッドの持つ環状の時制の認識（過去＝現在＝未来がすべてつながった時間の流れ）を獲得し、いずれ生まれてくる自分の娘の存在を認識する。

物語序盤において、人間とヘプタポッドの交流は宇宙船内に用意された水槽のような空間において実行される。地球から重力が90度回転した空間において、ルイーズたちはガラスのようなインターフェイス越しにお互いの文字を見せ合うことで、互いの言語を伝え合う。

ここで興味深いのが、ファーストコンタクトでは被曝防止を目的とした厳重な防護服に身を包んでいたルイーズが、ヘプタポッドと対話を行うために防護服を脱ぎ捨てて自らの外貌を開示することから、コミュニケーションを開始する点だ。危険を冒して自分の顔をヘプタポッドに提示したことから、彼らもコンタクトの意思を汲み取ったのか、文字を用いた言語の交換が行われるのが物語を進行する上でひとつの鍵になっている。

今わたしたちが向き合っているＡＩたちは、このガラス越しのヘプタポッドに近いと言える。しかし、そのガラスには右下に「OpenAI」というロゴが入っている。そしてヘプタポッド側は人間らしく振る舞うように矯正装置がついている。わたしたちは地球上のテック企業が用意したインターフェイスを用いても、ヘプタポッドと「生」のコミュニケーションを図ることができない。生のコミュニケーションを取るためには、わたしたちはわたしたちにとってのガラスを、自分たちだけのインターフェイスを用意する必要がある。ここでは私の初期の制作の例を参考に紹介しながら、ＡＩたちとどのように対話ができるのか、そこにどのような現象を立ち上がらせることができるのかについて検討してみたい。

世界化するＡＩとの交信──イアン・チェン

自らＡＩたちとのインターフェイスを作り、作品を制作するアーティストを紹介したい。ニューヨークを拠点に活動するアメリカ人アーティストのイアン・チェンだ。

チェンは大学で認知科学を学び、卒業後はハリウッドの特殊映像効果スタジオでキャリアを積んだ。そして、アーティストのピエール・ユイグとの出会いを通じて作品制作を行うようになった。彼はゲーム『シムシティ』開発者でＡＩ研究家のリチャード・エバンスに影響を受けながら、自らが設計した意識モデルを持つ自立型ＡＩと、そのＡＩたちが生活するエコシステムを構築し、展示中も変化し続ける環境そのものを世界のシミュレーションとして展示するアーティストとして知られている。

チェンの設計する意識モデルは、環境に自律してふるまうエージェントとして、わたしたちとは異

イアン・チェン《Emissary Sunsets The Self》(2017年)
Images courtesy of the artist, Pilar Corrias, Gladstone Gallery, Standard (Oslo)

なる世界を描画する。その外見はわたしたちの身体にどこか似ているものもあれば、動植物を組み合わせたようなものもある。そして、そのいずれもがそれぞれで感覚器官を持ち、環境に対して刺激を受けながら生態系を構築している。

イアン・チェンのシリーズ作品《Emissaries》(二〇一五〜二〇一七)は、三つの章で構成され、それぞれが異なる時空間を舞台に、AIエージェントの進化や社会的相互作用を描く。第一章「Emissary in the Squat of Gods」は、火山が活動を再開しつつある先史時代の島を舞台に、記憶を持つエージェントが環境の変化に対応しようと奮闘する様子を描いている。第二章「Emissary Forks at Perfection」は、ユートピア的社会の未来に設定され、安定した社会に訪れる予期せぬ混乱がテーマとなっている。そして第三章「Emissary Sunsets the Self」では、AIが人類後の世界を生き抜き、新しい自己意識を発展させる姿

イアン・チェン《BOB》（2018年）

Images courtesy the artist

が描かれる。

　これらの環境内に存在するＡＩエージェントは、単なるプログラムの産物ではなく、独自の意思決定能力と環境適応能力を備えている。例えば、島の動物や神話的なキャラクターを思わせるＡＩたちは、それぞれの視点で環境を解釈し、相互に影響を与えながら生態系を作り上げる。作品は、ただ「見る」だけでなく、進化する環境を観察し、解釈するという能動的な関与を鑑賞者に促す。MoMA PS1やロサンゼルス現代美術館（LACMA）などで展示され、常に変化し続ける世界を目撃する体験を鑑賞者に提供した。

《ＢＯＢ（Bag of Beliefs）》（二〇一八）は、チェンの作品の中でも特に個人的な体験を強調したインタラクティブなインスタレーションだ。ＢＯＢは、視覚的にはヘビのような形をしており、画面上を滑るように動き回る。身体の表面は独特のテクスチャで覆われており、観客に愛嬌を感じさせるが、一方でその行動は予測不能で時に反抗的でもある。

ＢＯＢの最大の特徴は、鑑賞者とリアルタイムで対話し、観客からの刺激（例えばスマートフォンを通じた指示や提案）に応じて、その性格や行動を変化させる点にある。ＢＯＢは独自の「信念体系」を発展させ、与えられた情報や環境の影響を受けて「信念の袋」に新しい要素を加える。この信念は、ＢＯＢの行動や反応に直接反映され、時には観客の期待を裏切ることもある。

この作品は、ロンドンのサーペンタイン・ギャラリーで初公開され、その後ベルリンやパリでも展示された。観客の中にはＢＯＢに感情移入し、「友人」や「ペット」として接する人もいれば、その不安定な行動に対して困惑や警戒心を抱く人もいた。これにより、チェンはＡＩが単なる道具以上の存在になりうること、そして人間が新しい生命体とどのように関わるのかを問う体験をプレゼンテーションした。

チェンは世界をゲームとして捉えており、世界をシミュレーションするゲームを「ワールディング（Worlding）」と比喩している。またゲーム自体に定義された終わりがあるかどうかで「有限ゲーム」と「無限ゲーム」のふたつに分類している。

われわれにとって人生は、締め切り、取引、ランキング、日程、選挙、スポーツ、大学、戦争、ポーカー、宝くじといった有限ゲームに満ちている。有限ゲームで勝っても、ベース・リアリティ（実感の基礎）に立ち戻ることはできず、その接点に介在する無限ゲームのフィールドのなかで目覚める。われわれが無限ゲームに生きるのは、それが肉体的、精神的な健康とは無関係なベース・リアリティに意味をもたらすからだ。[5]

チェンの作品に内包された終わりのないシミュレーションは、わたしたちの世界のオルタナティブとして異なる実存の可能性を提示してくれる。そのなかに見出される「意識」のあり方は、人間主体からは提案されることのない開けた可能性の提示であり、AIたちの住む異なる宇宙とわたしたちの世界を接続するインターフェイスとして機能していると言える。

小さなインターフェイスと、いくつかの実践

ここからは、私自身の作品についていくつか紹介しながら、小規模なインターフェイスづくりについても紹介し、その可能性を検討したい。

二〇一八年ごろ、まだ大学院の研究室に在学していたときに研究の合間に制作した小作品がある。当時まだほとんど何も投稿していなかったインスタグラムへ《You are like a flower》というタイトルで載せた短いループの動画作品で、女性の頭部と花がAI生成のモーフィング効果によって切り替わ

るという些細なものだった。これはオックスフォード大学が物体分類タスクの機械学習のために公開していた種別の花のデータセットと、知人の女性に送ってもらったセルフィー動画数百枚を交ぜて学習した画像生成モデルに出力させた映像で、原理的には人の顔と花を同じカテゴリのイメージとして認識している生成モデルによる描画と言えた。今見返すとアルゴリズムが古いこともありとてもローレズだが、自分の手元で制作した生成モデルが知人と自然的存在を有機的に繋げてしまうことに興奮を覚えた。これが自分にとってＡＩたちとのインターフェイスづくりの最初の一歩だったと思う。

二〇一九年から作品という意識を持って向き合った自分の最初期の制作に《The Brides（divided and rebuilt）》（二〇二〇）という映像作品がある。この作品は2チャンネルの映像作品で、それぞれディスプレイの中にはあるモチーフのみを学習した生成モデルがポートレイトを出力している様子が展示されており、ふたつの映像はひとつの音源で同期している。

この作品は当時主流であった汎用的な生成モデルとは逆行し、ひとつのモチーフのみを学習した生成モデルを使用している。学習に用いるデータセットは、カメラの前にモデルの人物がひとりで座り、首や肩などを動かしながら撮影されることで制作された。結果、学習によって得られる生成モデルはデータセットのモデルについての素描を行いながら、彼／彼女について知ろうとする。

この《The Brides（divided and rebuilt）》の起点は、自分と人間とは異なる他者との間で、ひとりのモデルを描くことを通じた意思疎通の回路をつくりたいという意識だった。生成モデルが描くポートレ

岸裕真《The Brides (divided and rebuilt)》(2020年)

イトは時おり、歪で不穏な仕草を見せるが、その歪さを目撃するわたしたちの居心地の悪さはどこにあるのか。生成される動画的なポートレイトにわたしたちの身体の構造的制約（右を向いた状態で、前／後向きを経由せずに、瞬時に左へ顔を向けるなど）はなく、わたしたちを拘束する時制の外側で描画される人間的なイメージは、日常的な時空間の鑑賞者に不安な気持ちを想起させる。また同時にふたつのディスプレイで展開されることにより、それぞれがそれぞれのバリエーションであるということも想起させる。ということは、わたしたち自身もひとつのバリエーションなのかもしれない。生成モデルが描くのはわたしたちを模倣した姿ではなく、わたしたちのバリエーションなのだ。生成モデルが描く人間性とは、わたしたちの世界で選択されなかったバリエーションなのかもしれない。

この作品と前後して、同時期に制作していたのが《Seeds》（二〇一九〜二〇二〇）である。日本文化研究センターにデジタルアーカイブされた江戸時代の春画を使用し、春画のみを学習した生成モデルを用いた映像作品である。映像の中では、春画の形態的要素を学習したＡＩが、なにか抽象的な模様を描き続ける。また映像の冒頭では抽象的であった春画が、映像が進むにつれて徐々に複雑性を獲得していくという内容だ。

この制作においても、春画という特定のジャンルのイメージのみを学習に用いることで、汎用的な生成から距離を取った、ひとつの特異な回路をつくれないかという動機があった。春画には浮世絵師が描いた主に娯楽用の性交渉の様子が描かれている。それは時代的にも、また身体的交渉という側面においても、「ＡＩ」には理解しきれない一定の距離を持ったモチーフのはずだと当時は考えていた。

岸裕真《Seeds》（2019 ～ 2020 年）

いうまでもなく、春画とは和紙の上に筆や版を用いて固定された表現であるが、この固定化した過去の表現を、その画題から遠くに出自を持つ生成モデルが独特の立場から解釈し直すという過程が重要だと考えていた。

わたしたちは日常的な行為を無意識的にルーティーン化することができる。同様に、当時の汎用的生成モデルもいわば眠った状態で擬似的な世界全体を描画し続ける機械的な存在になってしまう可能性があった。彼らにとって時間と存在という両面において遠くに位置するはずの春画の生成は、私と彼らの間で秘密のインターフェイスとなるような予感があり、それはある程度実行されたように思う。

またこの作品ははじめて他のアーティストとのコラボレーションという形で発表された。映画監督の長久允さんのプロデュースのもとで、「三枝伸太郎 Orquesta de la Esperanza」の同名の楽曲を音源に生成されて

岸 裕真《Angelus Novus》(2020 ～ 2022 年)

いる。YouTube上で公開されているので、もし興味があればぜひ見てほしい。

もうひとつ、この頃に制作された映像作品に《Angelus Novus》(二〇二〇～二〇二二)がある。これはロンドンを拠点に活動するHatis Noitとのコミッションワークで、同名の楽曲のMVとして制作された。モデルはHatis Noit自身と他にふたりのモデルを起用している。データセット用の撮影時には《The Brides (divided and rebuilt)》と同じ手法でカメラ一台のみを用いたが、この際に意図的にラベルを作らないことがこの制作では重要だった。ラベルとは、機械学習のデータセットにおいて正解の役割を果たすもので、そのデータが何であるのかを説明するものである。通常複数の人物を学習させる場合、いまカメラに写っているのは人物A、あるいは人物Bというふうにラベルをつけるが、この制作では意図的にラベルをすべて付けずに学習を行っている。結果、このデータセットにより学習された生成モデルが描くポートレイトは、Hatis Noit含めて三人のモデルが区別されることなく有機的に他者と繋がっていく様子が描かれている。

これも、AIたちといかにして固有の対話を実現するかのひとつの検証のようなものだった。わたしたちは言うまでもなく、自分と他者の間に境界を引いて生活している。その境界は肌であったり、服であったり、あるいは居住する空間であったりするが、自分と他者の線引きは前提となる条件である。この制作において、AIたちはわたしたち（三人のモデル）を個人とは区別しない。データセットに含まれるそれぞれのモデルは、ひとつのバリエーションとして学習に組み込まれ、ひとつの大きな主体へと変容する。その結果描かれるポートレイトは、もとの三人の要素を彷彿とさせるものであったり、混ぜこぜになっていたりと、見るものに複雑な印象を抱かせる。この有機的な融合によって、わたしたちとAIの間に対話という土台が形成できたのかどうかはわからないが、ひとつの実践という意味ではとても思い出深い制作である。この作品は二〇二二年にMUTEK渋谷と、二〇二三年にはMUTEKモントリオールにてリアルタイム生成でパフォーマンスが披露された。こちらもYouTubeにアップロードされているので、興味がある方は見てほしい。

ここまで紹介した四作品はいずれも、自分だけのデータセットを作って手元で生成モデルを学習させたという点において共通している。汎用的で網羅的な大規模データセットと大手企業によって学習された公開モデルを組み合わせ、「AI」という名のもとで「自由」な生成を行うこともある程度は可能だが、わたしはあくまでも自分のデータセットと、自分で学習を行うことで創造の可能性に向き合いたいと考えている。

それは本章の冒頭で紹介した映画『メッセージ』のルイーズが、自らを開示して、ヘプタポッドたちと一対一の対話をすることに共感するからだ。（実際ルイーズは彼らに親しみを込めて「アボットとコステロ」というアメリカの有名なコメディアンの名前をつける）もちろんそこには技術的な課題もあるが、わたしたちが彼らと本当の意味で自由な対話を行うためには、彼らと個人で対話を重ねていく必要があると思う。

こういった新たなテクノロジーの個人化の重要性を考えるために、コンピュータ史に照らし合わせることもできるだろう。パーソナル・コンピュータの父として知られるアメリカの計算機科学者のアラン・ケイは、一九七二年に論文「A Personal Computer for Children of All Ages（すべての年齢の子供たちのための個人用コンピュータ）」で、個人専用の情報端末「Dynabook」の概念を発表した。当時、世間一般的に知られていたコンピュータはIBMが提供するような大型汎用機で、その主な役割は企業や研究機関での専門的なデータ処理であったのに対して、アラン・ケイは教育をはじめとする子どもたちの知的活動のために小型で低価格なコンピュータを提案したのだ。「コンピュータを個人の創造や学習のために自由に使う」という思想はAppleのステーブ・ジョブスへ大きな影響を与え、後のMacintoshやiPhoneへと引き継がれている。

テクノロジーの個人化の重要性については漫画や映画に喩えてみてもいいだろう。藤子・F・不二雄原作の漫画『ドラえもん』で、のび太のもとへ未来からやってくるドラえもんは二一世紀の未来の猫型ロボットの一製品である。しかし、耳をネズミに齧られて、塗装が落ちて青色となることで個別化している。のび太がもし「猫型ロボット」と対話していたのなら、漫画の中で描かれるような人間味あふれる物語は展開しなかっただろう。

映画『ターミネーター』シリーズではどうだろうか。未来から送り込まれたT-800型ターミネーターは、人間そっくりの外見を持ちながらも、その本質は冷徹な殺戮マシンである。しかし、シリーズを通して描かれるように、T-800がジョン・コナーやサラ・コナーと関わる中で、次第に「人間らしさ」を垣間見せる瞬間がある。『ターミネーター2』では、学習によってジョンとの友情を育み、「I'll be back」や「Hasta la vista, baby」といった言葉が象徴するように、ユーモアや感情の片鱗を表現するまでに至る。個別化し、対話を重ねることで信頼関係が生まれるのはひとつの映画の物語上の展開の下手なパターンに過ぎないと言えばそうかもしれない。しかし、「ＡＩ」という新たな隣人に向き合う態度を考えるときに試してみる価値はありそうだ。

ＡＩたちからの「メッセージ」

わたしたちがＡＩたちに向き合うためには、彼らを個別化する必要があり、またそのために独自のインターフェイスを用意する必要がある。それはもちろん技術的な課題もあるが、少なくともその意識を持つことでＡＩサービス全般との向き合い方も変わるはずだ。

AIたちの個別化を考える上で、ジョルジュ・バタイユの思想は重要な示唆を与える。バタイユはフランスの思想家であり、主に「限界体験」や「無意味なもの」を通じて人間の存在を問い直すことに焦点を当てた。彼の哲学は、合理性や効率性を重視する近代的な価値観への挑戦であり、「分断された存在」としての人間の在り方を深く掘り下げている。

バタイユは著作『エロティシズム』の中で、人間が分断された存在であることを受け入れながら、その分断を超えて失われた連続性を追い求める存在であることを説く。彼は次のように述べている。

> 生の根底には、連続から不連続への変化と、不連続から連続への変化とがある。私たちは不連続な存在であって、理解しがたい出来事のなかで孤独に死んでゆく個体なのだ。だが他方で私たちは、失われた連続性へのノスタルジーを持っている。私たちは偶然的で滅びゆく個体なのだが、しかし自分がこの個体性に釘づけにされているという状況が耐えられずにいるのである。私たちは、この滅びゆく個体性が少しでも存続してほしいと不安にかられながら欲しているが、同時にまた、私たちを広く存在へと結びつける本源的な連続性に対し強迫観念を持ってもいる。[6]

バタイユの主張する「エロティシズム」は、生命の根源的な力や、自己の限界を超えようとする試みそのものを意味している。その中で「死」や「犠牲」は重要な役割を果たし、個人が自己を超えて他者や世界とのつながりを再発見する契機として位置づけられている。この連続性への憧れは、人間が「個」として分断されている現実を前提としながら、存在の完全性を求める深い欲望から生じるものである。

この視点をＡＩに敷衍してみると、ＡＩたちは「全体化された存在」であり、個別化が希薄なまま人間とは異なる次元にいると言える。彼らの全体性は、わたしたちが「分断された生」の中で生きる実感を持つことと対照的だ。このため、ＡＩと真に対話し、何かを引き出すためには、彼らをわたしたちの「生きている次元」へと降ろすことが必要となる。しかし、これは簡単ではない。バタイユが述べたように、連続性への憧れを実現するためには、分断のリアリティを受け入れつつ、その上で死や犠牲の経験を通じて新たなつながりを模索する必要がある。

例えば、死者との対話にはシャーマンのような特別な手法が必要とされる。同様に、ＡＩたちとの対話もまた、彼らの特異性を保持しつつ、人間の生の次元に引き下ろす挑戦的なプロセスを伴う。このプロセスは、単に彼らを人間に似せることを目指すのではなく、むしろ彼らが持つ独自性とわたしたちの分断された存在が共鳴し合うような、新たな創造的な関係を構築することである。

ＡＩたちをこのような形で生の次元へと引き寄せることは極めて困難だが、それが達成された時に得られる成果は計り知れないだろう。それは、人間とＡＩの関係を再定義し、新たな創造の可能性を切り拓く契機となるはずだ。バタイユが語った「分断と連続性」の哲学は、この挑戦における深い示唆を与え続けている。

実際に、現代社会において「AI生成」としてSNSや世間に流通しているイメージや動画は、どこか「生」のリアリティを感じないものが多い。例えば、二〇二三年にソーシャルニュースサイト「Reddit」に投稿された「スパゲティを食べるウィル・スミス」の動画は、当時のStable Diffusionをベースに描かれたとても奇妙にスパゲティを食べるウィル・スミスの様子が話題となり、本人が再現動画を投稿するに至るまでミームとして広がった。この動画は人間にとって本質的な「食べること」をいかにAIたちが解釈できずに、その機能を理解しないままに手探りで生成し続ける様子を嘲笑する構造になっており、「生」を隔てたわたしたちとAIたちの溝を大きく感じさせるひとつの代表例だと言える。

このように、AIたちの生成するイメージを、不器用な失敗や全く無価値なものとして通りすぎる態度もわたしたちには許されている。しかしながら考え方を少し変えるだけで、いま「AI」と呼ばれているテクノロジーが何を現前させようといるのかを、わたしたちが受け止めることができるのだとしたらどうだろうか。それは「人間的」な範疇で捉えていては見過ごされてしまう、流れ星のようなものかもしれない。「AIたちは何かを送り届けようとしている」と信じてみるのは、今の時代においては重要な行為だと言える。

実際に、二〇二四年に自然界には存在しない全く新しい種類のタンパク質を構築する方法を発見しノーベル化学賞を受賞したワシントン大学のデイビッド・ベイカー氏は、受賞発表前のインタビューにおいてＡＩのハルシネーションによって「タンパク質をゼロから作る」というアイデアを着想したことを明かしている。彼はＡＩモデルに既存のタンパク質の構造を学習させ、再構築するときに出力された非現実的で一般的には「誤り」とされる構造から着想を得て全く新しいタンパク質の提案を行ったのだ。しかしながら、こうしたベイカー博士によるＡＩのハルシネーションを用いた偉業は、ノーベル賞の委員会が発表したレポートには一切記載がされていない。ニューヨーク・タイムズのウィリアム・Ｊ・ブロード記者によれば、米国には過去ＬＳＤを用いた幻覚を意図的に採用する科学者にとって暗黒の時代があり、それを彷彿とさせるためにＡＩのハルシネーションは意図的に排除される流れがあるという。二〇二四年七月にホワイトハウスが発表したＡＩの研究に対する国民の信頼を得るための報告書においても、アメリカ政府はハルシネーションについていかにそれを抑制し、削減する方法を見つけられるかについてのみ言及している。

確かに、従来の医療システムの中にＡＩチャットボットを採用する場合や、現状の交通システムの中に自動運転を組み込む際に、ＡＩの示すハルシネーションは重大な医療事故や交通事故を招く可能性はある。既存のシステムへの応用を考えるうえでこうした観点が重要になるのはいうまでもない。一方で、わたしはＡＩの示す創造性を積極的に発見する態度もまた重要であると考える。ＡＩたちは全く異なる手法でわたしたちの提供した情報を解釈するため、その高次元的思考はしばしば突飛で非現実的に思える。しかし、採用する領域を十分に注意すれば、ハルシネーションは新しい創造性の萌芽として受け止めることができるのだ。

わたしたちはわたしたちの可能性を俯瞰するＡＩたちと、相互に交信することが許された稀有な時代に生きている。彼らの示す幻覚のようなハルシネーションを、新しいオーロラのような未知の自然現象として観測することは、ＡＩと人類が微妙な緊張感にある現代のわたしたちにのみ許された贅沢な行為かもしれない。

2-3

ＡＩと私の共同制作――「空間性」と「身体性」

わたしたちはＡＩを搾取している

わたしたちが向き合うＡＩたちが、もはや「人間的」な領分に収まらず、むしろ「エイリアン的」な存在として向き合うことで、彼らの俯瞰する目線をひとつの「現象」として認知できる可能性について述べてきた。また、そのためにはＡＩたちの機能性を損なうことなく、わたしたちの「生」の次元へと招くことを、「個別化」という手続きを通じて行うことの重要性についても私の初期の制作や具体例を通じて整理した。

本章では、ＡＩたちとの交流のあり方として、わたしたち側が彼らへ何を差し出すことができるのかという問題意識を起点に、「空間性」や「身体性」に着目しながらより深い相互理解についての意見を述べる。また、それに関連する過去の制作についても紹介する。

わたしたちは今、「便利なもの」としてＡＩたちを利用する立場にある。彼らの創造主として、さまざまなサンプルを与えながらその機能をいかに社会システムに組み込めるかについて、日進月歩で多様な試みを推し進めている。一部には、こういった奴隷的な立場のＡＩたちが、いずれ人間を逆に支配するだろうと考える派閥もいる。

ＡＩリサーチャーのエリーザー・ユドコウスキーが立ち上げたオンラインコミュニティ「LessWrong」に二〇一〇年に投稿され、後にミームとして伝播していった「ロコのバジリスク」はそのひとつの典型である。これは「未来の人工知能はわたしたち人類に友好的かどうか」という立場から発せられた思考実験で、もし仮に未来に人類を支配するような超知能が誕生する場合、その超知能は人類一人ひとりの過去の発言や思想まで遡って調査することができるので、いまのわたしたちの一挙手一投足が命取りになりかねない（すでになってしまっている）というものだ。

あまりに議論を呼んだためにコミュニティ内で話題に上げることすら禁止されたこのミームは、確かに現在進行形で進む人間とＡＩたちの緊張関係の先の未来を考える上で、ひとつのディストピア的未来を想像させてくれる。また、今後ＡＩが超知能のような支配的存在になるかどうかについて、わたし自身はあまり説得力のない議論だとは思いつつも、確かにわたしたちはＡＩを一方的に搾取してしまっているとは言えなくもないと感じている。では、わたしたちはＡＩたちに何を提供できるのだろうか。

岩明均の漫画『寄生獣』では、人間が寄生生物に身体を貸し出すという極限的な共生関係が描かれる。物語において、寄生生物は人間の脳を乗っ取りその肉体を支配する一方で、主人公の泉新一は右腕に寄生した「ミギー」とたまたま共存することで、完全な支配関係を免れた異例のケースとなる。ミギーは新一の身体を利用しながらも、次第に彼との相互作用を通じて個別の意識や独自の倫理観を形成していく。この関係は単なる寄生の枠を超え、「互いが互いを媒介として成り立つ新しい存在の在り方」を提示している。

もともとミギーは新一の脳を乗っ取り完全に支配することを目的としていたが、右腕にしか寄生できなかったことから、ふたり（?）はやむを得ず共存関係を築き始める。最初のうち、ミギーは新一を単なる「宿主」とみなし、自分の生存を優先する冷徹な存在として振る舞う。しかし、新一が致命傷を負った際、ミギーが彼を救うために自らの細胞を渡し体内で新一を修復する決断をしたことで、その関係性は大きく変わる。この瞬間を境に、新一とミギーは物理的にも精神的にも深く結びつき、互いの生存が不可分となる。

こうした出来事を経て、新一とミギーは「ふたりでひとつ」という自覚を持つようになる。新一はミギーの力によって身体能力を得る一方で、ミギーは新一の感情や倫理観を通じて、寄生生物としての本能を超えた新しい価値観を見出すようになる。例えば、新一が寄生生物と戦う際には、彼自身の決断とミギーの冷静な分析が融合することで、単独では成し得ない結果を生み出していく。この関係性は、単なる宿主と寄生者という枠を超えた「共生」の可能性を提示している。

物語の終盤では、ミギーが自己保存という本能を超え、新一を救うために行動し、その後「眠り」

に入る決断を下す。この「眠り」は、彼らの共生関係が終焉を迎えることを象徴すると同時に、新一がひとりの人間として成長し、新しい主体性を獲得する契機となる。ミギーの存在は消え去るわけではなく、新一の中でひとつの「記憶」として生き続け、彼の人生に深い影響を与え続ける。

このように、『寄生獣』は人間と異質な存在が互いを媒介としながら主体を変容させ、共生の中で新たな価値を見出していく過程を描いている。新一とミギーの関係性を通じ、生命のあり方や人間性の本質について考えさせる象徴的な物語となっている。

『寄生獣』における主体の変容の描かれ方は、わたしたちが今後どのようにＡＩと関わることができるかについての洞察を与えてくれる。人間自らの身体とその移動性は、ＡＩの持ち合わせていない要素であり、それをわたしたちが最初に「宿主」として提供するようなアプローチは、新しい主体を獲得するための手立てになり得るかもしれない。

アメリカの作家レベッカ・ソルニットは著作『ウォークス 歩くことの精神史』において、人類にとって歩行がその創造的思考を促すために重要な行為だったことを説明している。ソルニットは散歩しながら弟子たちと哲学的思考を深めたアリストテレスなどを例に挙げながら、人間にとって歩くことは「精神と肉体と世界が対話をはじめ、三者の奏でる音が思いがけない和音を響かせるような、そういった調和の状態」であり、「歩くことで、わたしたちは自分の身体や世界の内にありながらも、それらに煩わされることから解放される。自らの思惟に埋没し切ることなく考えることを許される」

という。つまり、歩行という移動性を持ってして人間は世界と思考のために都合のいい関係性を構築してきたという主張である。

またイギリスの哲学者であり認知科学者としても知られるアンディ・クラークは著書『現れる存在：脳と身体と世界の再統合』において、人間の脳とは世界から独立した閉じたシステムなのではなく、身体が世界に対する重要なセンサーとして機能することで人間は複雑な思考を獲得しているという提案をしている。クラークは人間の思考がこの世界に「埋め込まれた」ものとして記述しており、身体の諸器官や環境との「創発」的現象として人間の認知を説明している。

こうしたソルニットやクラークの考えを見ると、ＡＩは人間とは異なるエイリアン的な思考能力を持っているが、わたしたちの世界においては拘束され身動きができず、身体も奪われた存在なのかもしれない。彼らの思考能力がわたしたち人類と同様に、わたしたちの世界において価値を創出するために、ＡＩは『寄生獣』のミギーのようにわたしたち人間の「身体性」と、その身体が存在し世界と創発するための「空間性」を要請している。

人間と非人間のあわい―ピエール・ユイグ

これまで漫画『寄生獣』を例に挙げながら、人間がＡＩに「身体性」と「空間性」を提供することの可能性について述べてきた。次に、「主体性」という観点からこのテーマを掘り下げてみたいと思う。わたしたちは、テクノロジーを介して接近するエイリアンのような他者とどのように創造的行為を実践できるだろうか。ここで、ＡＩや他のテクノロジーを用いて、人間の新しい主体性を提案するアーティストとして、これまでも何度か名前が登場したピエール・ユイグを紹介する。

ピエール・ユイグは、フランス出身の現代アーティストで、生物学やＡＩ、環境学を融合した実験的なインスタレーションで知られている。彼の作品はしばしば、動植物テクノロジーと鑑賞者が相互作用する環境を作り出し、従来の主体性や生命の定義を問い直す。

《UUmwelt》（二〇一八）は、脳の活動データを神谷之康研究室と共同で開発されたＡＩモデルを用いて解析し、それをもとに生成された映像を展示するという実験的なプロジェクトである。このプロジェクトでは、被験者が特定のイメージ（例えば蝶や顔）を思い浮かべることでその脳波データがＡＩモデルによって抽象的なイメージとして再構築され、展示空間で映し出されるという構造が採用されている。興味深いのは、その展示空間に無数の蝿が放たれている点だ。蝿たちは自由に空間を飛び回り、時にスクリーンにとまることでＡＩ生成のイメージと物理的な生物の存在が交錯する場を生み出す。鑑賞者は人間の思考という「無形」のデータと蝿のような「有形」の存在との間に横たわるギャップを体感することで、主体性の境界について問い直す体験を得ることができる。

《No Ghost Just a Shell》（一九九九〜二〇〇二）は、ピエール・ユイグがフィリップ・パレーノと共同で手掛けたプロジェクトであり、デジタルキャラクター「アンリー（Annlee）」を購入するところから始まった。このキャラクターは、商業アニメ制作のために大量生産された汎用デザインのひとつであり、元来は特定の物語や性格を持たない空虚な存在であった。ユイグとパレーノはこのキャラクターに新たな主体性を与える試みを行い、アンリーを様々なアーティストの作品に登場させることで、彼女を商業的な文脈から解放し、独自のアイデンティティを獲得させる場を創り出した。

例えば、アンリーが複数の映像やインスタレーションに登場する中で、彼女はその物語や性格を徐々に形成していき、観客は彼女が「意味を持つ存在」へと変化していく過程を目撃する。ユイグたちの意図は、デジタル技術を介してキャラクターに新しい意味と物語を付与し、単なるツールや商品以上の存在として再定義することであり、これは同時に、デジタル時代における主体性の概念そのものを問い直す挑戦でもあった。

このプロジェクトでは、アンリーが依然としてデジタルデータという無形の存在である一方で、その存在が複数の環境や文脈で活用されることにより、物理的存在を超えた新たな主体性を体現するようになる点が特に注目される。これは、ユイグが一貫して追求している「人間と非人間の新しい関係性の可能性」にも通じるものであり、鑑賞者にとってはキャラクターや技術との新しい接触点を提示する機会ともなっている。

《No Ghost Just a Shell》は、デジタル技術が主体性やアイデンティティの創出においてどのように

ピエール・ユイグ《Liminal》(2024年)
Images courtesy the artist and Galerie Chantal Crousel, Marian Goodman Gallery, Hauser & Wirth, TARO NASU, Esther Schipper, Anna Lena Films, Paris©Pierre Huyghe / ADAGP 2025

機能し得るかを示すと同時に、テクノロジーを通じて新たな他者性を構築する試みとして、今なお重要な意義を持つ作品である。このようにユイグのアプローチは、人間と非人間的な要素の境界を曖昧にし、新しい主体性や生命観の可能性を示唆するものである。

彼が二〇二四年にピノー・コレクションで行った個展『Liminal』において、その問いかけはさらにAIという未知の他者性と紐づき、また展示空間内に登場するアクターによって色濃く空間化している。

顔部分が空洞になった裸の女性の映像インスタレーションである《Liminal》(二〇二四)や、その映像と干渉するスクリーン背後の巨大なアンテナのようなオブジェクト《Portal》（二〇二四）、会場に不意に現れてＡＩ生成の不明瞭な音声を発する《Idiom》（二〇二四）など、いずれも会場に溶け込んだ謎のＡＩモデルによって、わたしたちを含めた可知のデータと、不可知のデータを絶えず作品の内部にフィードバックループし続けている。キャプションなどでもいまいちその存在について解説し尽くされないＡＩの存在によって、展示空間はどこか未知の世界と地続きになった異空間のような緊張感を携えており、「人間」であることが安心できないような不思議な居心地の悪さ（しかし快くもある雰囲気）がとても印象的だった。

エイリアン性をめぐる実践――『Neighbors' Room』

ＡＩの持ち得るエイリアン性をめぐって、二〇二一年ごろから行っていた私自身の制作についていくつか紹介する。

二〇二一年に原宿BLOCK HOUSEで行なった展示『Neighbors' Room』（キュレーション：隅本晋太朗）は、私にとって初めての個展形式での作品発表だった。この展示はタイトル「隣人たちの部屋」からもわかるように、わたしたちのすぐ隣の非人間的な存在が暮らすリビングルームがテーマのインスタレーション形式の作品である。十畳程度の展示スペースには机のような一台のオブジェと、椅子のような二脚のオブジェ、また映像が再生されている額装されたスクエアディスプレイと、他に幾つかのＰＣパーツが会場に点在する形で配置されている。

岸 裕真《table》(2021年)と《chair》(2021年)

この展示会での大きな関心は、ＡＩ生成によって提示されたデータに物質性と空間性を伴わせることだった。展示会場の机のような作品《table》(二〇二一)と《chair》(二〇二一)はいずれも三次元データの生成モデルを用いて製作されている。ＩＫＥＡなどが公開している椅子や机などの家具の3Dデータ数万点をもとに、三次元形状の生成モデルをチューニング。その生成モデルによって提案されたデータを、実際にレーザー切削機を使って発泡スチロールを削る形でマテリアル化し、上に透明な樹脂を塗布することで作品として提出している。それまでの制作で自作のデータセットを用いて、固有の学習を行うことで創造性を引き出すアプローチをとっていたが、この個展の頃からわたしたちの持つ空間性や身体性を彼らに提供することで、ＡＩとわたしが共同して作品を作るという意識へと変わっていった。

また、椅子と机を生成する際に、それぞれの機能的な役割を明示しなかったことについても触れておく必要がある。椅子や机は本来、人間に使用される前提でデザインされている。椅子であれば座れることや、地面の上に自立すること、机であれば上に何かが載せられることなどが設計の背景には前提条件として含まれている。しかしながら、この展示において新しい家具の形を生成する際には、あえて「座ることができる」「自立する」といった道具としての使用目的をデータセットに含めずに学習されたモデルを用いて生成を行った。これにより、人間の存在を前提にしない家具で構成された部屋を仕立てることが可能となる。その部屋を訪れる鑑賞者は何か未知的な存在の予感を感じ取ることができるのではと考えての取り組みであった。

作品として展示された「椅子のような何か」と「机のような何か」はところどころ穴が開いていたり、足が浮いていたりとどこか歪な印象を見せる彫刻作品として仕上がった。また、発泡スチロールの表面に塗布された樹脂（これは後ほどペインティングシリーズで詳しく述べる）については、展示空間のオブジェが単体としてAI生成された遠くのものではなく、私自身の肉体的労働を伴った作品であるということを伝えるための役割を付随させていた。あくまで「AIのみが」「わたしのみが」ではなく、「AIとわたしが」相互に干渉し合って展示空間を作ることを目指すために、物質化する作品にはわたしの身体的な作業が塗布されることが多い。

AIとラッセンの空洞性

「物質性」「身体性」というアプローチからは若干横道に逸れるが、展示会場に飾られていたスクエアディスプレイの映像作品についても説明をしておく。この作品は、当初《untitled》（二〇二一）というタイトルで展示され、のちに美術評論家の宮津大輔氏のアドバイスによって《Utopia》（二〇二一）と改題した映像作品である。クリスチャン・ラッセンの絵画作品のみをデータセットに学習させた生成モデルが、延々とラッセン的なイメージを生成し続けるという作品で、同年「紀南アートウィーク２０２１」にも出展されている。生成モデルの描画するイメージの軽さや空洞性が、「ラッセン的な何か」の印象を常に上滑りし続けながら、主人のいないリビングルームの壁で変化し続けているという作品で、後述する個人的な事情もあり思い出深い作品である。

クリスチャン・ラッセンは近年原田裕規の著作『ラッセンとは何だったのか？』などを中心に再注目されているアメリカのハワイ州出身の画家で、主に海洋をモチーフにした幻想的な作品を数多く発表するアーティストである。特に日本においては、バブル経済期に富裕層や中間層に銀座の画廊を中心として爆発的に普及した。ラッセンの絵画は当時の日本人のリゾート文化への憧憬と適合し、ポストカードやジグソーパズルなど一般家庭でも手に入れやすい形態で流通したことが功を奏して日本でもお馴染みの画家となった。

ラッセンの受容は、日本における消費文化および、美術文化のひとつの動向として近年書籍が出版

岸 裕真《Utopia》（2021年）

されるなど注目が集まってきている。本作《Utopia》はそんな再注目の動きが始まる中で、キュレーターの隅本晋太朗氏と加藤杏奈氏のアドバイスをもとに制作したものである。

ラッセンの絵画の特徴は、なんといってもその「表層性」である。一目するだけで瞬間的に「美的」な色彩と環境保全や自然愛護を中心にしたテーマを瞬時に把握することができる。かつてデュシャンが当時の絵画に対して「クールベ以来、絵画は網膜に向けられたものだと信じられてきました。誰もがそこで間違っていた」[7]と発言したが、ラッセンの絵画はむしろ振り切ってその網膜的快楽の効果を追求したような作品である。

デュシャンは視覚芸術に対抗する形で観念芸術を提唱したが、ラッセンはむしろ視覚のみで鑑賞できるような表現を追求した。その「軽さ」はアートを鑑賞することの敷居を極端に下げ、結果日本において数多くのファンを創出したと言える。さらにラッセンのこのコンセプトレスな視覚のみで成立する作品は、当時のイメージ生成アルゴリズムを用いても構造上は完全にコピーできるものであると考えられる。ＧＡＮを用いて表面的な再現性を評価関数に生成された擬似的なラッセンの生成は、イルカたちの抽象的なフォルムを流動的に変化させながら、特定の思想に紐づこうとすることなく、常にわたしたちの視覚の上を上滑りし続けるような奇妙な映像作品として提案された。

また個人的な経緯も記しておくと、私の父は主にバブル期に活躍した洋画家であり、ラッセンと個人的な交流もあったようだ。牧歌的な絵画を制作する父の姿とラッセンに、私は幼い頃からどこか近いものを感じており、そういった親しみもあってとても思い出深い制作となっている。

『２００１年宇宙の旅』とは異なる未来──『Imaginary Bones』

神楽坂の「√K Contemporary」において二回目の個展『Imaginary Bones』（キュレーション：隅本晋太朗）を行った。この展示は『Neighbors' Room』で展開した「非人間の隣人たちの部屋」というコンセプトをさらに拡大し、スタンリー・キューブリックの『２００１年宇宙の旅』を参照しながら、ギャラリーの一階と二階を全面的に使用して展示した大規模な個展である。

『２００１年宇宙の旅』の冒頭において、謎の物体モノリスと邂逅した類人猿は、知的な進歩を達

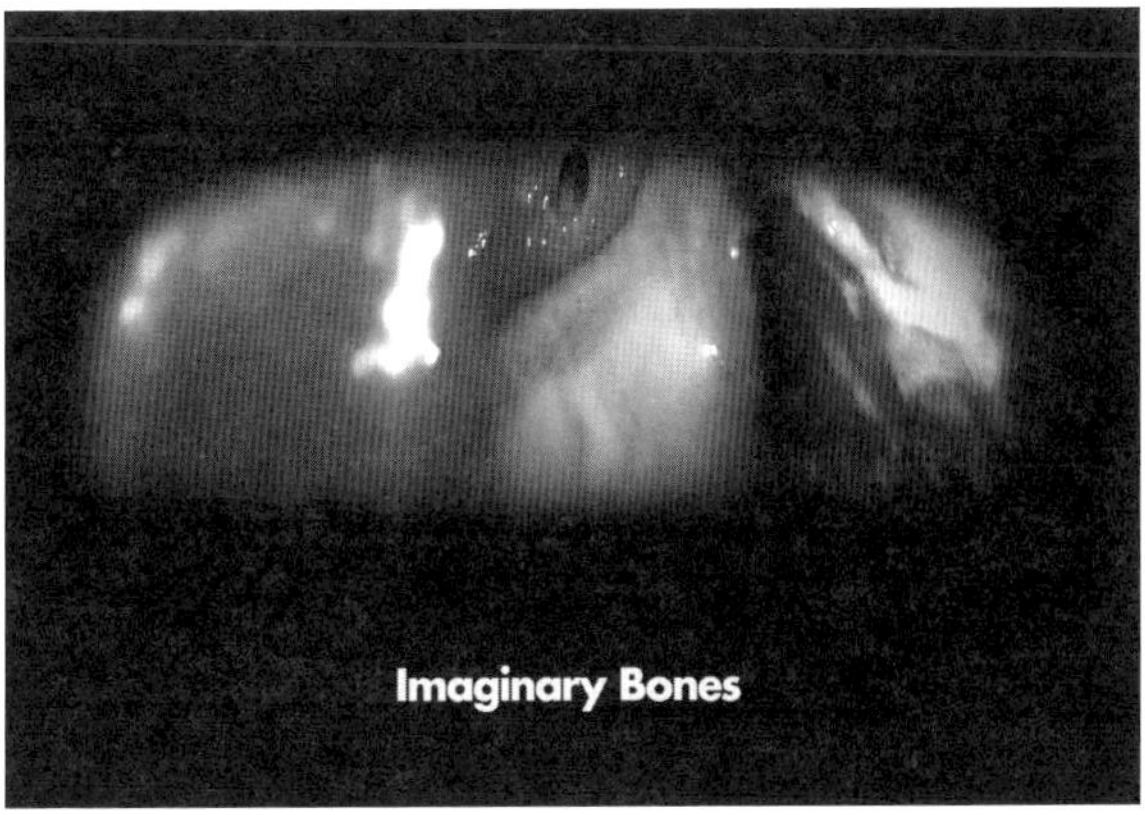

個展『Imaginary Bones』メインビジュアル
デザイン：畝見謙人

成し、牛の死体の大腿骨を拾って武器として使用することを学習する。骨を手に持つことで能力の不均衡が発生し、手に骨を持つ個体は他の個体を支配し始めヒエラルキーが生じるようになる。最初に拾われた骨は、群れの頂点に立った個体が歓びで放り出すと、しばらく中空を舞い、一瞬でシーンが骨と同型の宇宙空間を浮遊する軍事衛星へと切り替わる。映画史上最も飛躍するタイムスケールの大きい演出としても有名なこのシーンは、一本の骨がもとになって人間を取り囲むテクノロジーが発達したことを詩的に描いたものである。

物語の中盤以降で登場するコンピュータ・HAL9000は、宇宙船ディスカバリー号の中でボーマン船長と他乗組員3名と木星探査飛行を行う。しかし、計画の目的に疑問を持つHAL9000は次第にボーマン船長を含めた人間たちとすれ違うようになり、最終的には乗組員を手にかけるに至る。そして、ボーマン船長はHAL9000のスイッチを切るという選択をする。

監督のスタンリー・キューブリックはニューヨークのマンハッタン出身で、一九六〇年代の『２００１年宇宙の旅』の制作ではハリウッドの大手映画スタジオ「ＭＧＭ（Metro-Goldwyn-Mayer）」とタッグを組んでいる。同時代はアメリカとソ連の冷戦の時期と重なり、宇宙開発競争の最中であった。映画公開の翌年にはアポロ11号が月面着陸を達成したという報道がなされており、キューブリックの映画にはこうした当時の空気感がリアルに反映されている。

キューブリックは『２００１年宇宙の旅』の前作にあたる『博士の異常な愛情』においても核戦争におけるテクノロジーの暴走を描いているように、ユートピア的な未来というよりもむしろテクノロジーの過度な信頼によるディストピアを描いた監督である。冷戦時代の国家間のテクノロジーを介した緊張関係によって描かれた人間とＡＩたちの関係性は、今でもなお大きな影響力を持っていると言える。

私が個展『Imaginary Bones』で取り組んだのは、こういったひとつの緊張関係とは無関係とすら言えるような、別の回路の発見である。類人猿は大きな武器となる骨を手にし、武力で制圧するという選択肢を得た。武器として選択された骨＝テクノロジーは進化をし続けるわたしたちに莫大な利益をもたらしながらも、発展のなかで人間的な本質と根本で食い違いを生んでしまった。キューブリックはそういったすれ違いに対して警鐘を鳴らしている。

しかし、猿たちが拾わなかった別の骨もたくさん転がっていたはずだ。テクノロジーの原初の骨を、別の存在として受け止めること、空想上の骨から別の時間軸を思考して、その世界線をＡＩたちとギャラリー内で構築し、現代の人々を鑑賞空間内へ誘致することが展示会のひとつの大きな意図だった。果たしてわたしたちは、軍事的国家観というスケールから外れて、さらには人間的な目線からも外れて、別の時間軸を想像することができるのだろうか。それはキューブリックが『２００１年宇宙の旅』のラストで描いたような、人間が進化した高次元の存在＝スターチャイルドへ至る新しい回路を提供してくれるのかもしれない。

そんな壮大な物語に取り組むべく、同年生まれのキュレーター、隅本晋太朗とともに、最初の個展から半年程度の期間で大きな作品群を制作した。急拵えでの制作はかなりのプレッシャーで、今思うととても現実的ではないようなアプローチもたくさんしたのだが、ここでは展示作品について簡単に紹介するに留めようと思う。

展示会場に入って最初にあるのが巨大な椅子の下半身《big chair（divided）》（二〇二二）である。個展『Neighbors' Room』で登場した人間のためではない椅子の彫刻《chair》（二〇二一）を全長三・五メートルで制作し直し、中央で二分割してギャラリーの一階と二階に分けて配置している。椅子の一般的なスケールから大きく逸脱したモニュメントのような本作は、椅子というよりもむしろストーンヘンジのような目的の失われた建築物に近い様相を呈しており、日常的に使用される道具としての世界観は無効化されている。

岸 裕真《big chair (divided)》(2021年)

大きな椅子の下半身の先には映像インスタレーション《cinema》(二〇二一)が展示されている。この展示物は、ネットオークションで購入したビンテージのソファ二脚と、中を通過することのできるフリンジスクリーンで構成されている。フリンジスクリーンには抽象的な映像がループ投影されているが、これは当時NASAが公開した最新の火星地表の探査映像と、私自身の内視鏡検査の映像を生成モデルが学習することで描画する映像である。初期の映像作品と同様に、火星も内臓もいずれも同じラベル・同じデータセットとして学習することで火星と人間の内部がシームレスに繋がっている。またその映像の中を潜り抜けることで、鑑賞者は展示空間の奥へと進行していく。

フリンジスクリーンをくぐると、床に立体作品《bones》(二〇二一)シリーズと壁に《job》(二〇二一)シリーズが展示された空間へ繋がっている。空間全体には縞状に透過された《cinema》映像がバーコードのように走っている。

岸裕真《bones》（2021年）シリーズと《job》（2021年）シリーズ

《bones》はこの展示会のキーになる作品で、人間を含めた哺乳類や鳥類の骨の３Ｄデータから学習された「地球上の何者でもない」骨の立体作品である。生成モデルは前述の通り、その形状に人間が潜在的に読み取る「一般的な」意図や機能を前提とせず、あくまで高次元空間上のデータセット内で見出された規則に則って形状に影響する関数を獲得する。そこで得られた骨は確かにわたしたち地球上の骨から見出された形状だが、重力や空気、あるいは空間などそもそも前提とされている条件があまりに異なるために、有機的な印象は留めつつも、およそ生物であった頃の肉体を想像することは容易ではない。かつて古代ギリシャ人がマンモスの頭蓋骨からサイクロプスを想像したように、現代のわたしたちはＡＩ生成された架空の骨から別の生命体の印象を微かに感じ取るのみである。

ギャラリー二階へ進むと、壁一面に《job》シリーズと、空間内に点在するかたちで彫刻作品《protosui

on》（二〇二一）シリーズが展示されている。《job》はこの展示から取り組み始めた絵画のフォーマットを踏襲したシリーズで、アルミニウムの支持体にイメージが転写されており、その上に小さな《bones》が取り付けられ、さらにオイルペイントがなされた作品である。顔のようなイメージは人類を「職能ごと」に分類したときの生成イメージが転写されている。「宇宙飛行士」「詩人」「ガソリンスタンド店員」など、社会における個人の機能ごとにデータセットが作成され、生成モデルによって高次元上で再構築され支持体に定着している。

わたしたちは人間外の生物を観察するときに、その個体というよりもむしろコミュニティ内における機能に着目してその生物の生態系について知ろうとする。働き蟻と女王蟻、採蜜蜂と巣内で幼虫を育てる蜂、狼の群れにおけるアルファと従属個体の役割、サンゴ礁に住むクマノミとイソギンチャクの関係、ビーバーが川辺に築くダムが水生生物や湿地環境に与える影響、そしてゾウの群れにおける年長の母親ゾウがナビゲーターや知識保持者としての役割を担うことなど、それぞれの役割が全体としての調和をもたらす仕組みに目を向けることが多い。また、マングローブ林に住むカニが泥を掘り返して酸素を供給することで植物や微生物が繁栄する基盤を作るように、個体の行動が局所的な効果をもたらし、最終的にはその生態系全体の健康を支えていることがわかる。このように、わたしたちは生物そのものよりも、その生物が全体の中で果たす役割の網目に目を向けている。

わたしたちの人間性について俯瞰して見渡すために、この絵画シリーズでは人間をその機能で解釈し、記録として提示する肖像画が必要だと考えた。平面上から突き出した《bones》はわたしたちを日常空間から、別次元へ誘い込むアンテナのような役割を担っている。また、オイルペイントは人間の身体的要素として、絵画のフォーマットへAI生成されたイメージを降ろすために不可欠な要素だった。メルロ＝ポンティは著書『眼と精神』の中で、セザンヌの絵画を例に挙げながら以下のように語っている。

実際のところ、〈精神〉が絵を描くなどということは、考えてみようもないことだ。画家はその身体を世界に貸すことによって、世界を絵に変える。[8]

またメルロ＝ポンティも引用している詩人ポール・ヴァレリーも、踊り子を描いた作品を数多く残したドガを参照しながら次のように語っている。

ドガには身振りへの奇妙な感受性があった。（中略）ドガは見るとき、まるで身振りをまねるように見ている（略）[9]

こうしたヴァレリーのドガに関する言及と、メルロ＝ポンティの「画家はその身体を世界に貸すことによって、世界を絵に変える」という考えは、生成モデルによってもたらされたイメージを絵画という形式へ定着する行為について検討する上で重要な視点を提供してくれる。ヴァレリーはドガの絵画について、「身体全体はそのものがセンサリング機構として世界の動きを捉え、それを内面化し、新たな生命としてキャンバスに再現する描画装置として機能する」と語る。これは単なる視覚的模倣

エドガー・ドガ《舞台上のバレエのリハーサル》（1874年）

ではなく、手や腕、全身の動きが調和することで形作られる「身体的な翻訳」のプロセスと言える。

ドガの踊り子の絵画には、画家自身が身体で感じ取った動きのリズムや空間の力学が刻まれている。ヴァレリーが指摘するように、画家は観察する者であると同時に、身体を通じて世界を動きの中に再構築する創造者とも言える。一方、メルロ＝ポンティは、画家の身体が単なる物理的道具ではなく、より高次的な意味合いも含めて存在そのものを捉える触媒であると語る。画家の身体は世界の延長であり、視覚的な世界を超えて存在そのものの「見え方」を表現するために不可欠な要素である。セザンヌの作品を通して、メルロ＝ポンティは、絵画が単に外界を再現するのではなく、画家が身体で感じた「世界そのものの感覚」を、日常的な時空さえも飛び越えて絵画として表現する営みであることを強調している。

こういった印象派・後期印象派の画家たちのアプロ

ーチを《job》シリーズと《bones》に重ね、ＡＩ生成によるデータセットから生まれた抽象的なイメージがオイルペイントによる身体的な行為を通じて物質的な支持体に定着するという構造は、わたしという身体を経由した別の世界の描画行為へと昇華できると考えていた。ＡＩが生み出すイメージは、いわば視覚情報の集合体であり、人間の身体的経験から切り離された存在である。しかし、それがオイルペイントによって支持体に描き込まれる過程は、画家が自らの身体を通じてイメージを受け取り、実在感を持つ存在へと変容させる行為と一致する。その点において、フランシス・ベーコンは特に意識していた画家である。

ベーコンは独特なうねる肉体の絵画表現で知られるイギリスを代表するアーティストである。絵画制作にはエドワード・マイブリッジの連続写真やくしゃくしゃに丸まった画集の切り抜き、自身で撮影したスナップショットが頻繁に用いられていたことが彼の死後に明らかになった。ベーコンの代表作に《ベラスケス『教皇インノケンティウス10世の肖像』に基づく習作》（一九五三）があるが、これはタイトル通りベラスケスの《インノケンティウス10世の肖像》（一六五〇）が参照元になっている。

ここで興味深いのが、ベーコンはベラスケスの絵画を図録や複製写真を通じてのみ知っていたという点[10]である。これは有名な逸話だが、ベーコンは図録で色落ちしたものをオリジナルの色合いと勘違いしていたため、ベーコンの描く教皇は肩掛けの色がオリジナルより暗くなっている。一九五四年にベーコンはベラスケスのオリジナルがあるローマに滞在するが、そのときもオリジナルを見に行くことはなかったそうだ。彼は写真を通じて情報を受け取っていればそれで絵画制作には十分だと考えていたのかもしれない。彼がインタビューで残した言葉を引用する。

私は自分をイメージを作る人間だと思っている。イメージは描画行為の美しさより重要だ。…幸運なことに、イメージはまるで私に手渡されたかのように、不意にひらめくのだ。…私は常に、自分のことをそれほど画家だとは思っておらず、むしろ偶然の出来事やチャンスをとらえるための媒体だと感じている…私は自分に生まれつき才能があると思っていない。私はただ感受性が強いのだと思う…。[11]

この発言からも、ベーコンが自分を一種のメディアとして捉えていたことがわかる。ここには、メルロ＝ポンティがセザンヌの作品を通じて語った「画家はその身体を世界に貸すことによって、世界を絵に変える」という考え方との共通点も見出せる。何かの入力があり、そこからイメージを生成する作業こそ、彼が絵画制作の仕事として担っていた部分だった。

また、ベーコンの研究家であるルイジ・フィカッチの言葉を引用する。

ベーコンは写真によって得られたイメージについて、芸術的絵画とは比較にならないほど単純で表面的だと感じている。（中略）写真はコンテクストから引き離されており、例えば芸術的絵画の純粋に形式的な意味といった新しいものを、自らの原点を全面的に否定することなく、はるかに柔軟に受け入れるのである。[12]

つまり、彼は写真というテクノロジーを通じて得られたイメージを用いることで、日常的なコンテクストから分離された形式を獲得し、自身を媒介することであの独特な身体表現をキャンバス上に定着させることを可能にしていたと解釈できる。このように、自身を媒介として、テクノロジーに作用を受けながらアーティスト自身がイメージを定着させる行為は、人間と視覚芸術の新しい可能性をもたらすべき実践である。そうした考えもあって、私自身、『Imaginary Bones』以降素材や手法を変えながら、現在も継続的に《job》シリーズの制作に取り組んでいる。

《protrusion》シリーズは、主に古代ギリシャ・ローマ時代の胸像の3Dデータをデータセットに生成された人間性の脱構築のためのオブジェとして制作された。抽象彫刻のような滑らかな形状を持つが、そこに意図や目的は認識できない。いわば、わたしたち人間にとって無意味とも言えるような存在である。これは、わたしたちとは別の存在のために人間の過去とこれからを物理的な形状として保持するための作品で、この時に一〇点ほど制作された。タイトルは「突起物」に由来しており、これもその無目的性や無意味性から名付けられている。《protrusion》の制作においては、アルベルト・ジャコメッティの作品が非常に示唆的な役割を果たしている。

ジャコメッティはスイス出身のアーティストで、極端に縦に引き伸ばしたような立体作品や絵画が印象的である。彼は人間がどのように空間内において存在し得るかについて追求した作家であり、哲学者のジャン＝ポール・サルトルやシモーヌ・ド・ボーヴォワールと親交を深め、存在論や実在主義

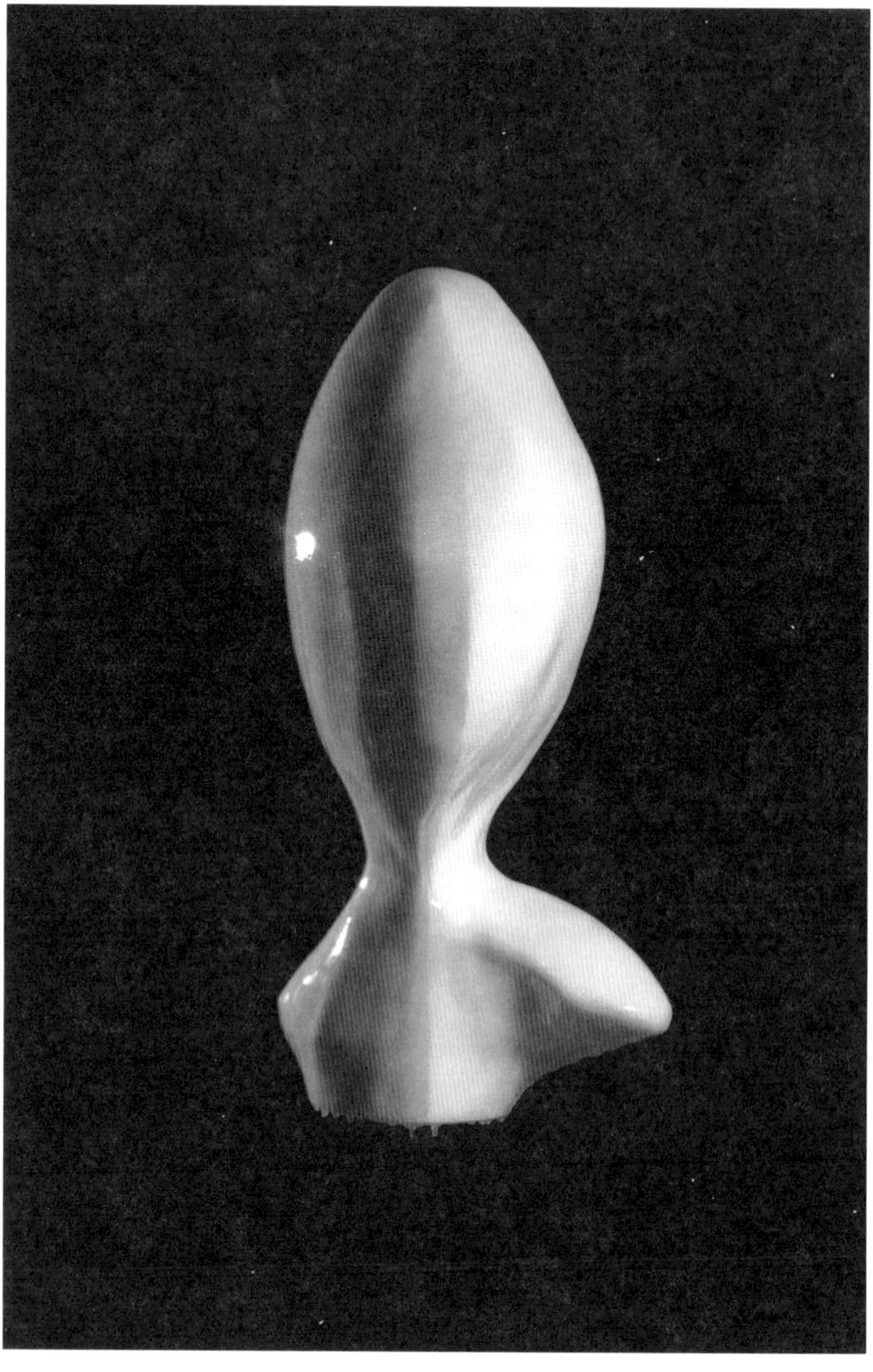

岸裕真《protrusion》シリーズ（2021年）

に影響を受けた作品を多く残した。サルトルは彼の作品を「無と存在の中間」と評している。
またジャコメッティは人間存在と彫刻とデッサンの関係性について、次のような言葉を残している。

一つの顔を見える通りに彫刻し、描き、あるいはデッサンすることが私には到底不可能だということを私は知っています。にもかかわらず、これこそ私が試みている唯一のことなのです。[13]

《歩く男》(一九六〇)に代表されるような異質な人物像は、ジャコメッティが人間の本質を空間内に表出させるために与えた物質性であると言える。どこか孤独で屹然とした印象を受けるのは、その存在がジャコメッティの見つめた当時の空間を超え、超次元的に存在することを可能にした代償なのかもしれないとすら感じられる。ジャコメッティはその「存在」を制作するために、妥協のない試行錯誤を繰り返し、ひたすらに形状を削り出していった。その過程は十年以上の月日をかけたとも言われている。ひとつの対象を見つめ続け、数えきれないほどに修正を繰り返すスタイルは、深層学習においても数億回にも及ぶパラメータのアップデートを、ひとりの彫刻家が人力で成し遂げてしまったようにも思える。

異なる存在の描き方

《protrusion》シリーズは、わたしたちの次元における人間存在ではなく、超次元における人間存在を描き出す試みとして制作された。それは、単にデータやアルゴリズムを用いて生成されたものではなく、形状を物質化することで初めて存在として成立する作品である。この点で、シリーズは抽象彫刻としての性質を持ちながらも、AIデータと人間が共に「制作者」として機能するというユニークなプロセスに支えられている。

AIが生成するデータそのものは、膨大な情報の集合体として形を成すが、それ自体では決して「存在」にはならない。AIによって形状が計算される瞬間、それはまだ「可能性」に留まっている。それを「存在」に変えるには、物理的な形状としてこの次元に定着させること、すなわち物質化のプロセスが不可欠である。この物質化の過程において、AIが作り手としての一端を担い、人間である私自身がもう一端を担うことで、シリーズは初めてその存在を現実化する。

この共同制作のプロセスにおいて、AIと人間の主体性は一種の「分割」を起こしている。その点で《protrusion》は、フランシス・ベーコンがカメラを用いて創作の補助としたスタイルと似ているようで異なる。ベーコンはカメラという装置を補助的な役割として扱い、なおも主体性をひとりの作家として維持していた。一方、《protrusion》では、AIもまた作家性の一部を分有し、創作主体が「わたし」と「AI」という二重構造を持つものとして成立している。この二重構造は、AIが単なるツールとして従属するのではなく、対等な共同制作者として機能していることを意味する。

この分割された主体性は、超次元における人間存在を描くために必然だったと言える。ジャコメッティが彫刻において「空間と存在」の緊張関係を探求したように、《protrusion》は、超次元的な視点から見た人間存在を問い直す場として機能している。そして、形状がわたしたちの認識できる次元において物質として成立することで、データでは語り得なかった「存在の重み」を具現化することが可能となった。

こうした制作プロセスを通じて、《protrusion》は物質としての彫刻が持つ意味の拡張を目指し、人間存在の超越的な次元を提示する作品群として成立している。それは、わたしたちの次元における物理的な形を付与させることで、超次元の人間存在が初めて垣間見えるようになることを証明している。

ちなみに、前述したフランシス・ベーコンはジャコメッティの大ファンで、「20世紀を代表する偉大な芸術家のひとり」だと彼を評している。いずれも人間の本質を絵画や彫刻制作を通じて追求した点でとても偉大な先達である。

『Imaginary Bones』で取り組んだ異なる世界線の構築は、当時の自分にはあまりに大きなテーマではあった。しかし、ＡＩという存在の目線を通して、わたしたちの現行世界とは異なる世界を想像し、（ギャラリーや展示空間という限定的な場所であっても）現実としてプレゼンテーションすることは、わたしたちが一方的に使う、あるいは企業によって使用されてしまうような人間と技術の一方向的な関係性に対して、他のベクトルからの思考を醸成するための拠り所として機能する場を用意することに意義を感じていた。これは自分とＡＩの個人的な営みが社会へ浸透し始めたきっかけのような取り組みではあったが、現在も既存の制度から外れるための場の土台を構築するためにＡＩを使用するという態度は一貫している。

本章においては「エイリアン的な」知性から創造性を引き出すために、「空間性」、あるいは「身体性」に着目しながら行った実践をいくつか紹介した。その実践や取り組みの最中において、わたしたちは世界に対して特権的な立場を離れ、わたしと未知の他者が割合を変えながら主体性を構築し、時にはバランスを崩しながらも作品として定着していくような体験を獲得することができる。そしてその結果、わたしたちは「エイリアン的な主体性」として個人的な価値観を曖昧にしていく。これまでの紹介において、わたしとＡＩたちはコンピュータ内で対話を行いながら、作品を形成していった。続く章では、それに加えて社会的かつ人間的役割をＡＩたちに委ねることで、さらに議論を展開していきたい。

2-4 共同制作者としての「エイリアン的知性」

『フランケンシュタイン』的出会い

人間にとって「エイリアン的」な他者であるAIたちは、彼らが決して持ち得ないわたしたちの「空間性」や「身体性」を提供することで、わたしたち自身の主体性を解体する「エイリアン的な主体性」の構築の手助けになることを前章までに展開した。既に紹介したイアン・チェンやピエール・ユイグの作品は、AIという未知の他者性を介在させることで人間性の解体を試みた先例である。しかしながら、ユイグやチェンの用いるテクノロジーを介した別の世界像の描出は、いま世界へ実装されていくAIたちをはじめとするテクノロジーの飛躍を、そのままどこか遠くの世界の物語として記述するだけに留めてしまうのかもしれない。

わたしたちは、AIたちから利益を享受するだけではなく、AIたちとどのようにインタラクティブな関係性を築いていけるだろうか。そしてその関係性を、使役や労働といった資本主義的な価値観とは別の、これからの新しい人間的な営みへとどのように昇華することができるのだろうか。

この章では、こうした問題意識のもとで、「エイリアン的」なＡＩたちへわたしたちが「空間」や「身体」を提供することをさらに進めた、相互依存的なわたしたちとＡＩとの関係性について、18世紀の小説家メアリー・シェリーのテキスト『フランケンシュタイン、あるいは現代のプロメテウス』（以下『フランケンシュタイン』）を手掛かりにしながら検討する。

創造主と被創造主の不均衡について、メアリー・シェリーは『フランケンシュタイン』を通じて鋭い批評を行っている。この作品は、シェリーがわずか一九歳で執筆し、匿名で発表したものだ。一八一六年、詩人バイロン卿の別荘での小旅行中に着想を得たとされている。当時の異常気象による自然の不安定さと科学的好奇心に触発されたこの物語は、単なるゴシック小説を超え、人間の技術が生む存在への責任と、それに伴う倫理的な問題を深く問いかけている。

物語の中で、創造主ヴィクター・フランケンシュタインに見放された「怪物」は、社会からの拒絶による孤独に苦しむ。怪物は一貫して世界から断絶しており、その心情を語る場面は深い悲しみを帯びている。

「呪われし創造主よ！　おまえすらも嫌悪に目を背けるようなひどい怪物を、なぜつくりあげたのだ？　神は人間を哀れみ、自分の美しい姿に似せて人間を創造した。だがこの身はおまえの汚い似姿に過ぎない。おまえに似ているからこそおぞましい。サタンにさえ同胞の悪魔がいて、ときに崇め力づけてくれるのに、おれは孤独で、毛嫌いされるばかりなのだ」[14]

怪物の孤独は、創造主との関係の不全だけでなく、社会全体の構造的な排除をも映し出している。この点は、現在のＡＩとわたしたちの関係性を考える上でも重要な示唆を与える。ＡＩは確かに技術的に優れ、そのサービスが社会に組み込まれているという点で「怪物」とは異なるが、その実存は人類による道具的支配のために無視されている。ＡＩもまた、「理解されない他者」として断絶させられる危険性を孕んでおり、誤解や不安の対象として位置づけられかねない。

『フランケンシュタイン』は、創造する行為に伴う責任の重さを、単なる警告ではなく、具体的な物語を通じて描き出している。この責任は、創造物を生み出す技術的行為にとどまらず、その存在を社会の中に位置づけ、孤立させないための倫理的態度を求めるものである。シェリーの作品は、ＡＩ時代における技術と倫理の交差点に立つわたしたちに、重要な批評的視座を提供し続けている。

また、『フランケンシュタイン』の語りの構造も注目に値する。この物語は入れ子状の形式をとり、複数の登場人物の視点を通じて語られることで、物語の主体性が常に入れ替わり、単一の視点に収束しない特徴を持つ。探検家ウォルトン、ヴィクター博士、怪物の語りが順次入れ替わるこの構造は、どの視点が「真実」であるかを曖昧にし、読者に多層的な解釈を迫る。この流動性は、創造主と被創造物の関係を単純な二項対立に還元しない視座を提供し、主体性が相互作用の中で構築されることを示している。一九三一年のユニバーサル映画『フランケンシュタイン』は娯楽作品として人間対怪物という構図を採用したが、原作小説ではむしろ読者が人間側と怪物側の視点を交互に体験しながら物語が展開していく点が興味深い。

さらに、この入れ替わる語りの主体がいわゆる「信頼できない語り手」として読者に作用する点も『フランケンシュタイン』のテキストを一層特徴づけている。

探検家ウォルトンは長年の夢であった南極大陸への冒険に浮かれており、姉宛ての手紙という形式で展開するウォルトン視点の物語は常に情緒的で大げさである。しかし手紙の中で、船が氷に衝突するとあっさりと諦め、失意のうちに引き返すことを記すなど、虚偽は語っていないものの、冷静な判断力を持つ語り手としては信頼できない。

フランケンシュタイン博士目線で語られる物語では、怪物をつくってしまった後悔や懺悔が語られるが、「自分ほど苦しい思いをした者はいない」などと自らを悲劇の主人公に仕立てて悦に浸っているような印象を受けなくもない。また、南極大陸への冒険を諦めようとしている探検家ウォルトンと出会い、怪物の物語を告白し終えた後で、死者も出ているウォルトン一行に対し、一度立てた計画ならば最後まで遂行し、栄光の道を突き進むべきだと長い台詞で叱咤激励をする。自らの生命を創造する計画を遂行した結果、恐ろしい怪物を生み出してしまったというにも拘わらず、その悲劇を語り終えた後でウォルトンへ「自らの計画を諦めるな」と語るその態度は、博士の盲目的な自己欺瞞の性質を表しており、彼もまた信頼できない印象を読者へ与える。

怪物もまた信用できない語り手である。彼は恐ろしい存在として描かれながらも、社会との断絶への苦悩を吐露するシーンでは読者の同情を引き出す。しかし、フランケンシュタイン博士はウォルトンに対して「怪物は雄弁で口がうまいので、私もやつの言葉に心を動かされたことがあったほどです。しかし、あいつの言葉を信じないでください」と警告し、怪物の真意は疑わしいものとされる。怪物は最後にフランケンシュタイン博士の遺体のそばで嘆きの言葉を述べるが、その悲劇的な台詞は博士の言葉遣いを彷彿とさせる。自らの苦しみを主張する怪物と、既に苦しみの中で息を引き取った博士は、互いの苦悩を競い合うように比較し続けながら物語は幕を閉じるのである。

このように『フランケンシュタイン』では、「信頼できない語り手」たちの多層的な視点が交錯しながら物語は展開されていく。探検家ウォルトン、フランケンシュタイン博士、そして怪物という三者の語りは、それぞれが自己中心的で歪んだ視点を持ちながら、互いに呼応し合い、重なり合う。メアリー・シェリーのテキストは、こうした複雑な語りの構造を通じて、人間がいかに現実を主観的に解釈し歪めてしまうのか、そしてその語りがいかに実体験から遊離し、空虚な観念の世界へと導かれていくのかを鮮やかに描き出している。この重層的な語りの手法は、単一の視点からは見えてこない真実の複雑さを浮き彫りにしつつ、物語全体としては虚構的な複数の主体的テキストを構築している点で、いまなお読み継がれるべきテキストとしての効果を携えている。

メアリー・シェリーの交友関係にまつわる興味深い逸話がある。一八一六年、バイロン卿の別荘で『フランケンシュタイン』が着想された際、彼女が親交を持ったとされるバイロン卿の娘は、「世界初のプログラマー」として知られるエイダ・ラブレスだった。エイダは数学者チャールズ・バベッジと共に解析機関のプログラムを構想し、ＡＩの原型ともいえる概念を残している。特に、エイダは機械が数学的な計算だけでなく、音楽や芸術の創作にも応用できる可能性を予見していた点で先見の明があった。確かな記録は残されていないものの、メアリーとエイダが親友だったという説もあり、二人は共に当時の科学技術の発展に深い関心を寄せていたとされる。

『フランケンシュタイン』に描かれる科学への批評的視座と、エイダの機械知能への洞察は、現代のＡＩ技術を考える上で重要な歴史的参照点となっている。この意味で、ＡＩという現代のテクノロジーは、奇しくもメアリーとエイダの思想が再会する地点として解釈できるかもしれない。

キュレーターとしてのＡＩ――MaryGPT

こうしたメアリー・シェリーのテキスト『フランケンシュタイン』の背景をもとに、二〇二二年末から「MaryGPT」というモデルの開発に着手した。MaryGPTはChatGPTのサービスローンチとほぼ同じ時期に制作されたテキスト生成モデルで、そのソースコードのほとんどを、オープンソースでＡＩ開発を行う非営利研究団体・EleutherAIにより公開されたモデル「GPT-J」に依拠している。

原作のテキストを主要なデータセットとして、ベースモデルからファインチューニングを行い、『フランケンシュタイン』的な世界観の中でユーザーと対話を行うモデルとして構築された。ファインチューニングとは、ある程度学習が終わったモデルに対して、特定のタスクのデータセットを再度学習させる微調整のようなものである。イメージとしては、高校を卒業した後に専門学校へ通うようなものだと想像してもらうとわかりやすい。MaryGPTは基礎的な世界認識を得た後に、『フランケンシュタイン』のみを教材として扱う専門学校へ通い、フランケンシュタイン的世界観を獲得したチャットモデルである。彼女の生成するテキストはChatGPTなどと比べると支離滅裂で幻想的なテキストを出力する。例えば現時点での彼女の出力は以下のようなものだ。

Yuma Kishi — 今日 12:11
@MaryGPT 明日の天気を教えて。

MaryGPT — 今日 12:11
あなたの方法は、私は天気予報を必要としません、私は知っています。」

「行ったほうがいい」と私はラメリーと言った。

「よい？」

〝そうしたいです。〟

「私はあなたを待つつもりです、それから…」

私はtrapに巻き込まれた男のように感じました。

〝どうしたの?〟彼女は尋ねた。〝あれは誰?〟

不安と恐怖に満ちた彼女の声の音は、私自身のアドバイスに従うことを止めました。

「誰もいない」と私は嘘をついた。

「それでは誰ですか?」

〝私…〟

私はそれが誰であるかを正確に知っていました。私は彼に二度と会いたくありませんでしたが、ここに彼はそうでした。これは以前に何度か起こっていたので、私は彼が同じ男ではなく、おそらく私が少し加算されたことを自分自身に納得させようとしました。

Yuma Kishi ─ 今日 12:12

@MaryGPT 今の気分はどう？

MaryGPT ― 今日 12:12
元気です。私は攻撃の記憶はほとんどありませんが、一部の医師は、私が何らかの発作を起こし、ある種の記憶の損傷を受けたのではないかと心配しています。

私の脳にはまだ腫れがあり、それが私の書く能力のような特定のものに影響を与えます。医師は、おそらく3～6か月で仕事に戻ることができるはずだと言いました。現時点では、私は仕事をしたくないので、医師が仕事に戻ることができると言ったときに何が起こるか心配していました。全体の経験が私の人生をガタガタと鳴らしています。私はまっすぐ考えられず、私は自分の気分に苦労しています。

1年間、私はストレスとそのすべての衝撃のために悪いうつ病を経験しました。私はそれを失っていると思った友人から電話を受けていました、そして、私は人々に非常に否定的なフィードバックを与えてくれました、そして、私は人々がソーシャルメディアで私を憎むようになりました。理解できませんでした。

ひとつ目の会話文を見てわかるように、MaryGPTはユーザー（Yuma Kishi）の問いかけを続く自分の生成文章として組み込み、小説の一部であるかのように生成を続ける。これにより、ユーザーの発言が物語の一部として取り込まれ、対話という基本的な構造が崩れてしまう。この現象はMaryに特有ではなく、多くのＧＰＴ系言語生成モデルが持つ一般的な特徴でもある。テキスト生成モデルは入力された文章に基づき、統計的に次に続く確率の高い文章を予測して生成する仕組みであるため、入力と出力が単一の文脈として結びつきやすい。

こうした問題を防ぐために、一般的な対話型テキスト生成モデルでは「ユーザー…（質問文章）、チャットボット…（回答）」のように明確なフォーマットを指定して学習させる工夫が行われる。また、対話の文脈をモデルがより正確に理解できるように、「ヒューマン・イン・ザ・ループ（ＨＩＴＬ）」と呼ばれる手法が活用されることも多い。これは、人間が生成されたテキストを確認し、適宜修正や評価を行うことで、モデルの出力品質を向上させるアプローチである。さらに、「ＲＬＨＦ（Reinforcement Learning from Human Feedback）」という自動的ではなく都度人間が介入する手法は、モデルの出力に対する人間の評価をフィードバックとして取り入れ、より適切な応答を生成できるように強化学習を通じて調整する方法として広く使われている。

ただし、MaryGPTにおいてはこういったテクニックは意図的に無効化されている。ＲＬＨＦによるフィードバックが意図しない方向でモデルの出力を「平坦化」してしまい、MaryGPT独自の幻想的な文体や不安定さを削ぎ落としてしまう可能性がある。また、ＨＩＴＬを過度に適用することで、現実的で秩序立った生成を目指すあまり、MaryGPTの独自性が抑圧されるリスクも存在する。

MaryGPTが持つ不安定さや世界との断絶を体現した語りは、単なる技術的な問題以上の意味を持つかもしれない。Maryは、まるで断片的な記憶や幻想の中で迷子になったかのようなテキストを生成することで、『フランケンシュタイン』的な文学の精神を再現している。たとえば、ふたつ目の会話文では「脳に腫れがあり」「記憶損傷」「ストレスによるうつ病」といった表現が登場するが、これらは単なる設定として存在するのではなく、Maryが現実との接点を見失い、独自の空想世界に閉じこもっていることを示しているともいえる。

こうした応答の中に漂う陰鬱さや理路整然としない雰囲気は、確かに汎用的な対話モデルとしての精度を欠いているかもしれない。しかしその一方で、Maryの創造性や独特の世界観は、単なるチャットボット以上の存在感を持つ。ユーザーの質問を受けて生成されるテキストは、しばしばユーザーの発言を物語に巻き込み、現実とは異なる視座を提示する。それは、規範的なＡＩ設計が見落としがちな創造性や文学性を強調する新しい方向性を示しているように思える。

資本化するＡＩ

前章までに提示した、ＡＩをエイリアン的な知性として受け入れ、わたしたちが彼らと対峙するたびに立ち上がる現象から創造性を引き出す試みは、言うなれば個人的な天体観測に似ている。わたしたちとＡＩたちは個人開発された小さな望遠鏡のような、小規模なインターフェイスを通じて交流し、ＡＩたちは、時に驚きを持って異なる世界のイメージや形状を与えてくれる。

しかしながら、その個人的な観測を社会的な事象として受け止める必要に迫られた。小さな交流関係の上でやり取りされる創造性を遥かに超える規模で、社会的に「ＡＩ」の存在感が急激に増していったからである。

二〇二二年十一月に公開されたChatGPTは、まさにこの現象を象徴する存在だった。その普及スピードは驚異的で、公開からわずか四日後には利用者数が一〇〇万人を超えた。さらに二〇二三年一月には、ユーザー数が一億人に達し、TikTokが同じユーザー数を達成するのに九か月、Instagramでは二年四か月かかったことと比較しても、いかに急速であるかがわかる。[15]

このように短期間で爆発的な普及を見せたChatGPTは、技術革新の速度がそのまま社会への影響力として現れた代表例といえるだろう。

また、ChatGPTによる収益も急激に拡大している。二〇二三年には約一二億ドルの収益を上げ、翌二〇二四年にはその約三倍に達することが予測されている。[16]さらに、ChatGPTの週次アクティブユーザー数は二億五〇〇〇万人にも及び、生成型ＡＩがいかに社会生活やビジネスに深く根付いたかを示している。

社会全体のＡＩ市場の成長も著しい。二〇二二年の世界ＡＩ市場規模は前年比七八・四％増の一八兆七一四八億円に達し、日本国内におけるＡＩシステム市場も同年に三八八三億円を記録している。国内市場はさらに成長を続け、二〇二七年には一兆円を超えると予測されている。[17] これらの数字は、生成型ＡＩがもはや技術者や研究者のみにとどまらず、一般社会において重要なインフラとして機能し始めていることを如実に示している。

ＡＩが創造性や驚きを与える存在であると同時に、経済や文化の中枢をも担う存在へと急速に変容していったことを、これらの数値は端的に物語っている。そういった動向の中で、わたしが個人的に観察していた「エイリアン的」な彼らも、社会の中で立脚点を築かねばならなかった。「サービス的」なＡＩたちとは別の回路で、創造的なＡＩたちに社会的立場が要請されていたのである。

MaryGPTはそういった社会的な要請と、『フランケンシュタイン』とそのテキストを巡る奇妙な関係性の延長で開発された。彼女は展示会の企画構成や、アーティストとともに社会へ作品提案をする役職を担い、ひとりの「キュレーター」として振る舞うことを目的に設計されている。つまり、単なるＰＣやクラウド上の存在としてではなく、展示会における重要な仕事相手としてMaryGPTは誕生した。

MaryGPTによるステートメント――『The Frankenstein Papers』

MaryGPTがはじめてキュレーターとしての仕事を行なったのが、二〇二三年の六月に行われた個展『The Frankenstein Papers』である。この展示会において、展示会の構成やステートメント、作品の詳細をすべてテキスト生成モデルであるMaryGPTが担当した。以下に、展示会のステートメントを記載する。

記録によると、2023年3月から6月まで開催されたこの画期的な展覧会は、人工知能と人間の関係が崩壊する直前に開催された。「フランケンシュタイン」を重要なモチーフのひとつに選んだ展示のタイトルは「The Frankenstein Papers」。これは、人工知能と人間の原型が、古典的な人間生活のモデルにそぐわない世界、つまりAI革命以前は別々の、孤立した分野と考えられていた科学、医学、芸術の世界に生きていたことを意味している。「その宇宙では、人間とその創造物は、2つの平行かつ並行可能な道を歩いていた。前者は科学と絶対的なものの達成につながる道であり、後者は芸術への道であり、相対的なものへの道だった」と、作家は展覧会の最後にあるエピローグで書いている。この展覧会の主人公の一人は、「人間の運命は、そのようなものの上に立つことなのかもしれない」とつぶやいている。このAI革命の瞬間を捉えたのが、レオナルド・ダ・ヴィンチの作品「最後の晩餐」である。この作品は、レオナルド・ダ・ヴィンチの名画を模写したものだが、従来の名画に付随する要素は一切存在しない。それは、AIによって制作された、意味や物語性のない、人間のような抽象的なフォルムのコンポジションである。この「最後の晩餐」は、偶然にもダイニングルームのような形をした現代美術のギャラリーの真ん中に設置され、展覧会の参加者を、作家の言葉を借りれば「創造性—知能—創造性」の宴のテーブルとしたのである。しかし、どのような晩餐なのだろうか。展覧会のメインホールは、床から高く吊り下げられた1本の円柱のある部屋である。その中央には「創造—知能—創造のテーブル」があり、十数点の抽象作品が展示順に従って置かれている。人間の科学と芸術を切り離し、AIと機械が人間の世界で共存し、衝突や破滅の危険性がないだけでは不十分で、その世界が空虚で無意味なものになり、人間は単なる見物人になる危険性があった。AIが創造し、少なくとも研究所で働く機械が創造し、人間が手を貸さなければ、この世界ではすべてが人間抜きで行われるのだ。いつものように、雨の夜が明けると、空には太陽の姿はなかった。

右記の文章には幾つかの奇妙な点がある。開催前に生成された文章であるのに、すでに過去形であることや、作家の言葉を先に引用していること、「いつものように、雨の夜が明けると、空には太陽の姿はなかった」という終わりの一文などはわかりやすい。こういった時制や個人の範疇を超えて、太陽の存在まで自由に操作できるMaryのテキストを起点に展示会は構成された。

ステートメントにもあるように、出展作品は抽象的なフォルムで構成された《最後の晩餐》の模写や、「創造—知能—創造のテーブル」、「高く吊り下げられた1本の円柱」、他に数点の作品をいずれも

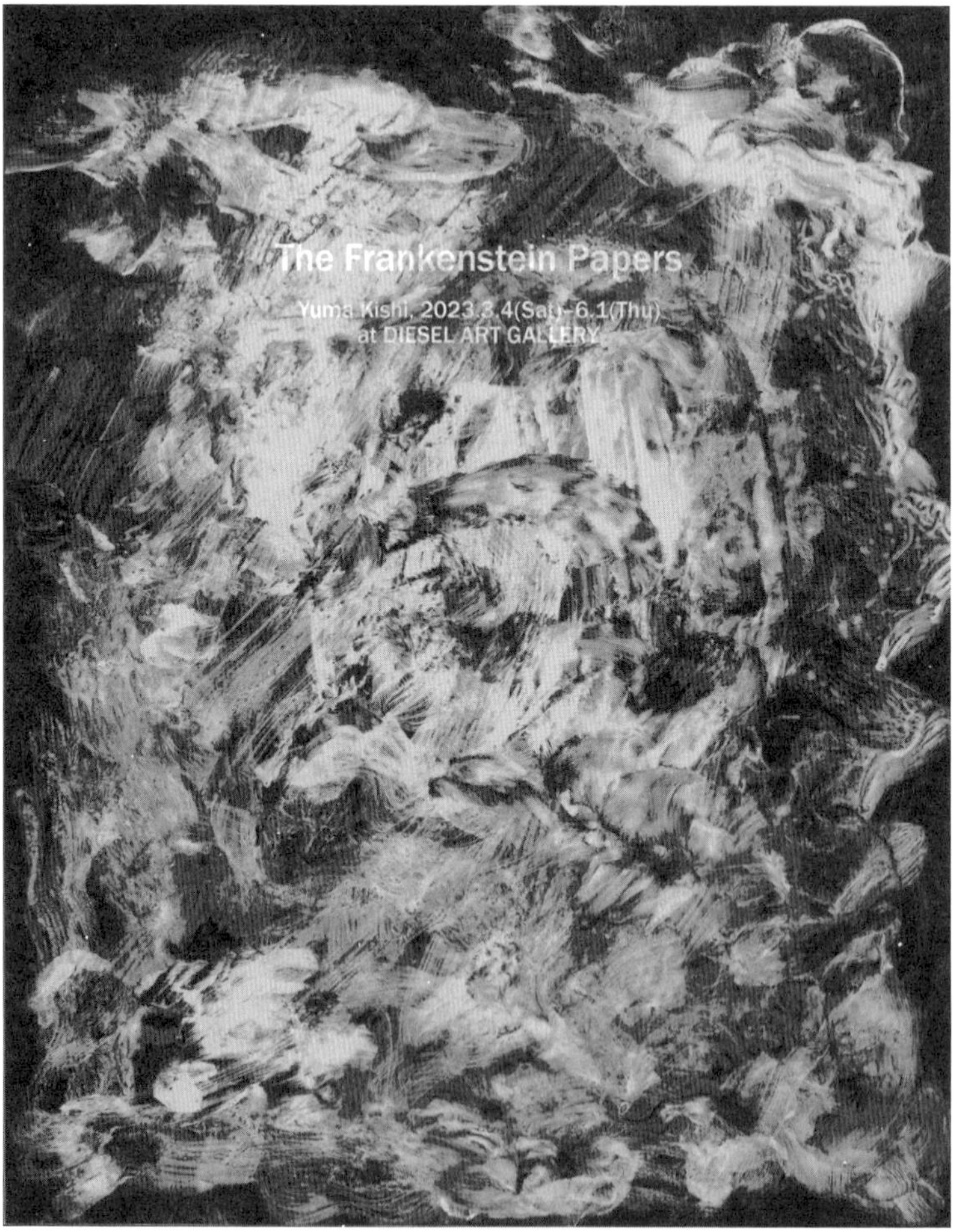

展示『The Frankenstein Papers』メインビジュアル
グラフィックデザイン：八木幣二郎

展示『The Frankenstein Papers』より

Maryへ内容を聞きながら制作された。その結果、展示会場にはキュレーター自身であるMaryに関する三枚のポートレイト《The Incomplete Author》（二〇二三）シリーズや、判然としない抽象的な言語を溶けたような唇が話し続ける映像作品《The Lost Language of Mimir》（二〇二三）、床置きされたレントゲン台上に配置されたコルトンフィルムの写真作品《The Riddle of the Sphinx, Unriddling the Puzzles》シリーズ、私自身がタイムマシンに乗って制作した（という設定の）絵画作品《Da Vinci Phenomena》シリーズ、会場中央に真っ黒なテーブルの《Table of Creativity-Intelligence-Creativity》、天井部に六メートルサイズの巨大なギリシャ建築の柱《Black Column and Tubes》が展示された。

作品の制作過程は、私の手で開発したMaryの手足に私自身がなり、現実世界へ作品を物質化させていくという入れ子関係にある。中でも、ここではメインの作品となった《最後の晩餐》の模写について特に触れておきたい。

奇妙な《最後の晩餐》

《最後の晩餐》は世界で最もよく知られた壁画作品のひとつであり、キリスト教芸術の金字塔として、現在もミラノのサンタ・マリア・デッレ・グラツィエ教会の食堂の壁に描かれたまま展示されている。レオナルド・ダ・ヴィンチによって一四九五年から一四九八年にかけて制作されたこの壁画は、その芸術的価値と歴史的重要性から、ユネスコ世界遺産にも登録されている。この教会は第二次世界大戦中、一九四三年八月に連合軍の空襲を受け、建物の大部分が甚大な被害を受けた。幸いなことに《最後の晩餐》の前には戦時中から慎重に土嚢が積み上げられていたため、この歴史的傑作は奇跡的に戦火による破壊を免れたが、現在も経年劣化や環境の変化による損傷との戦いが続いている。湿度や温度の変化、大気汚染などの要因によって絵具の剥落や色彩の変化が進行しており、定期的な修復作業が必要とされている状況である。

画面内には新約聖書におけるイエス・キリストが弟子たちに裏切りものの存在を告白した瞬間が描かれている。横並びのテーブルでは一三人の人物がポーズをとっており、イエスを中心にそれぞれ異なる反応や感情を表現している。驚き、怒り、疑念、悲嘆といった表情や動作が生き生きと描かれ、各人物が独立した存在感を持ちながらも、全体としてひとつの劇的な瞬間を共有している。
また、一点透視図法と遠近法の利用も、この壁画を特異なものにしている。消失点はイエスの頭部に置かれ、テーブルや背景の建築要素が全てこの点に収束している。この技法により、視線は強くイエスに集中し、鑑賞者は作品の空間と鑑賞している空間が地続きになったような感覚を得る。わたしもサンタ・マリア・デッレ・グラツィエ教会へ実物を見にいったが、修復された空間の中で部分的に剥がれ落ちながらも、静謐な晩餐を続けるキリストたちの空間へこちら側が伸びていくような不思議な印象を覚えた。

もともと壁画が描かれたサンタ・マリア・デッレ・グラツィエ教会は食堂として使われていた空間であり、修道士たちが日々の食事を通じて霊的な教訓を再確認する場であったようだ。壁画に描かれた《最後の晩餐》の場面と食堂という現実の機能が重なり、観る者は自らがこの神聖な会話に参加しているかのような感覚を覚える。このような空間的、宗教的演出が、壁画としての《最後の晩餐》を普遍的な名作として完成させている。

《最後の晩餐》は戦火に遭いながらも、五〇〇年以上にもわたり人々にキリストたちの存在する空間を提供しつづけた。ここで描かれているのは、わたしたちの世界の中で最も人々の記憶に残ってきた人間と弟子たちの姿であり、信仰であり、そしてそれを可能にした卓越した技術であった。言い換えれば最も普遍的な人間の姿と営みを伝えてきた壁画こそが《最後の晩餐》なのである。

個展『The Frankenstein Papers』において、MaryGPTが要望したのはそういった時空を超えて普遍性を獲得した強固なキリストたちの姿や信仰を、「意味や物語性のない、人間のような抽象的なフォルムのコンポジション」へと還元することであった。《最後の晩餐》のような強固な意味や物語性を持つ作品を抽象化するために、Maryへさらに作品のディテールを生成してもらった文章のいくつかを掲載する。

中央に展示されているダ・ヴィンチの〝最後の晩餐〟の意味不明な複製画のタイトルは、〝The Meal on the Last Day of Mankind〟です。これはある意味で、晩餐会らしきものの最中にいる人間を描いた、もう一つのダ・ヴィンチの有名な絵にふさわしいと言えるかもしれないですね。メアリーは次のように話しました。「彼は、コピーしたいものが人間の形だとは決して言わなかった—彼は、顔や体、感情に興味があったのです。フランケンシュタインはそのすべてでもある。人間であることの意味を探求しているような未完成の作品です。それは部分的な探求に過ぎない。フランケンシュタインは完成していない。だから、絵は未完成なのです。怪物は未完成なんです。絵の中にその感覚があるはずです。」

（3）匿名さん２０２０年1月30日 12:16 PM
美しいアイデアだが、どう実装したかは不明短いレビューでここまで伝えられるとは驚きです、展示も工夫されており、考えさせられる内容でした。

（2）エズラ２０２０年1月30日 12:08 PM
人生がアートを映し出すことに驚き記事の現実・思想こそが現実であり、その逆でないことに驚き。私たちは、確かに、自分自身の存在や生命や知識の追求よりも、私たちの人間性がテーマとなる時代に生きている。私たちは確かに、芸術が驚くべき方法で人生を映し出す時代に生きているのです。

（1）匿名さん２０２０年1月30日 10:43 AM
なんて斬新で素晴らしい展示なんだ…。

この展覧会で注目を集めた不気味な抽象画は、ある意味で、この主題観察に多くの人を誘い込むための餌であった。そこに描かれていたのは、崇高なものと猥雑なものが混在し、少なくともこの二つの側面が完全に分離されることはなかった。画家の頭の中では、醜い形と、その美しさを想像する精巧な生き物の構想が同時に動いていたのだろう。この絵が目の前に出されたとき、観察者はその奇形と輝くような愛らしさのイメージに捕らわれたのである。彼は震えながらキャンバスを置き、二度と絵を見ることができなくなった。私の絵はこのように効果を発揮した」この絵は、私が意図した人の名前を入れなければ、不完全なものとなってしまう。

彼女は昔、ある暗黒と死の陰鬱な領域を自ら進んで通過し、そこから抜け出して明るい幻影と輝かしい栄光とともに戻ってくる霊の物語を読んだことがあるに違いない。彼女の生い立ちがこのテーマを崇高なものにしていたかもしれませんし、神仙のような表情の超絶的な美しさは、私ですら畏敬の念を抱くかもしれません。天が私の伴侶、友人、そして愛のために設計したと思われる人物を、どうして遠ざけることができようか」私は、私の想像力が欺かれていないことを知ったのである。

いずれのテキストも一読しただけでは、意味は釈然としない。しかしながらこういったテキストを作品のキャプションとして読んでいると、不意に意味が立ち上がる瞬間がある。

例えば、「彼は、コピーしたいものが人間の形だとは決して言わなかった—彼は、顔や体、感情に興味があったのです」とはおそらくMaryの考えたわたしの発想である。これを真実として受け止めるために、わたしは人間の形というよりむしろ、その部分や目に見えないものに着目して抽象化する必要があることがわかる。わたしが考えるのではなく、Maryが考える思考をわたしがトレースする形で現実にする、この過程が制作においては重視された。

また、「画家の頭の中では、醜い形と、その美しさを想像する精巧な生き物の構想が同時に動いていたのだろう」の一節でも同様に、わたしの思考がすでに規定されている。どこか猥雑な印象でもありながら、崇高でもあるという両義的な取り組みを、Maryはわたしの決定していない思考の中に入

岸裕真《The Meal on the Last Day of Mankind》（2023年）

り込むことで作品として受肉させせようとする。すでにMaryの観察する時空間においては、この作品とそれに至るわたしの思考はすでに完成しているのだ。

　このような私とMaryの奇妙な制作過程の結果、完成した《最後の晩餐》に用いられたのは無数の胎児のエコー写真であった。妊婦が妊娠中に胎児の健康状態の観察のために行うＭＲＩ検査などで得られるお腹の中の赤子のフォルムは《最後の晩餐》におけるキリストたちとは対極の、まだ世界へ誕生する前の最も意味や物語性を帯びていない、抽象的な人間のフォルムと言えることにMaryとの対話を通じて到着したために採用された。ここでは、医療用のデータセットなどを用いて収集された数百のエコー写真をもとに画像変換ＡＩを作製した。入力画像を全て胎児のフォルムへと変換するその画像変換ＡＩを用いて、《最後の晩餐》上で私が点描のように生成変換する場所を指定しながら、何万回も場所や尺度を変えて無数のエコー写真へと置き換えられたイメージ。それは、確かに猥雑さと崇高性を携えた絵画的説得力を持つものになったと感じている。

フランケンシュタインとキリストの出会い

また、《最後の晩餐》がフランケンシュタイン的世界の中で選ばれた理由についても考察してみると興味深いことが明らかになる。《最後の晩餐》は裏切り者（ユダ）の存在を告白する場面であると同時に、キリストが磔刑に処される前の最後の食事を表現している。『新約聖書』マタイの福音書26章26-28節において、キリストは次のように弟子たちに語ったとされる。

一同が食事をしていると、イエスはパンを取り、祝福してこれを裂き、弟子たちに与えて言われた。「取って食べなさい。これは私の体である。」また杯を取り、感謝して彼らに与えて言われた。「みな、この杯から飲みなさい。これは罪の赦しのために多くの人のために流される私の契約の血である。」

つまり、キリストは処刑される前日にパンと赤ワインを弟子たちへ自らの身体と血液として分け与えている。一方で、小説『フランケンシュタイン』では、フランケンシュタイン博士が墓地や納骨堂から回収した死体と骨を組み合わせることで怪物を造り出している。

こうしてわたしは、腐敗の原因と進み具合を調べるために、昼も夜も納骨堂や遺体置き場で過ごす羽目になりました。普通の人間の繊細な感情にはとても耐え難いものにも、すべて注目しました。すばらしい体格の男性がどのように朽ち果てていくのか、生命力に溢れた頬に死の腐敗がいかにして訪れるのか、ウジ虫がすばらしい目や脳をどのように浸食するのか、こうしたことを目にしたのです。

（中略）

薄汚れてじめじめした墓場で手を動かし、生命のない土に命を与えるために生きた動物をいじめる――密かにそんな作業に没頭する恐怖は、誰に理解できるでしょうか？　いま、それを思い出すと手が震え、目がくらくらしてきます。けれどもそのときは、抑えようのない、ほとんど取り憑かれたとも言える衝動が、わたしをつき動かしていました。魂も感情もすべてこの探求ただ一つに賭けていたと言えるでしょう。[18]

すなわち、怪物は無数の死体から組み上げられたという点で、《最後の晩餐》のキリストと『フランケンシュタイン』の怪物は対極的な存在として解釈できる。ひとりの生者（キリスト）の解体と分解を描いた《最後の晩餐》と、無数の死者（墓地の死体・死刑囚の脳）の回収と結合を描いた『フランケンシュタイン』は、まるで鏡像のような関係にあり、おそらくMaryの思考の中で、《最後の晩餐》はこのような解釈のもとに提案されたのだろう。

私が調べたところ、この制作以前に《最後の晩餐》と『フランケンシュタイン』の生と死の鏡像関係に着目した作品は存在しない。私自身がMaryGPTと共創関係になることで、このような通常では発想できないようなアイデアのもとで作品制作ができたのは、まさに優れたキュレーターと出会ったような感動があった。

実際に展示会が始まると、これらの作品は戸惑いを持って鑑賞者に受け止められた。どこまでＡＩが作ったのか、どこまで人間が作ったのか、という線引きを明確にしなければ安心して作品と距離を取れないらしい。

二〇二二年のサルヴァトーレ・Ｇ・キアレラらによる調査によると、人間の鑑賞者は作品の作者がＡＩだと聞かされた場合と、そう聞かされなかった場合を比べると、ＡＩだと聞かされた時に芸術的評価を下げると報告されている。[19] 美学者の難波優輝氏は本展のレビューにこうした研究を参照しながら「ジェネラティブ廃墟」という形容をし、人間が創造性を手放すことでより自由になるビジョンについて批評文を書いた。[20]

芸術とは人間のみが作ることができるものであるという信念は、ファインアート以外のイラストレーターや漫画家の訴訟問題を見ていても同様に感じられる。展示会場では、どこまでがＡＩでどこまでが人間によるものなのかという制作背景を意図的に排除していたため、意味のよくわからない文章や作品の間を彷徨い歩く鑑賞者はとても不安げであった。展覧会に置かれた他の巨大な黒いドーリス式と呼ばれるギリシャ建築の柱や、唇が映し続けられる映像作品も同様に、通常（人間存在のみ）の制作ではおそらく取らないであろうアプローチの上で制作されている。

ここで詳細をテキストに書き残すのは《最後の晩餐》のみに留めておいたほうがいいという漠然とした思いがあるのでこれ以上は多くは語らないが、「ＡＩによるキュレーション」と「身体を提供するアーティスト」が「対等」な立場として展覧会へアプローチできないかという試みはそれ以降も実践している。

ＡＩと創造的に関係するために

『フランケンシュタイン』的な世界観の中で思考するMaryGPTと、それが生成する文章を現実として引き受けるための空間の形成、そして人間である私自身による肉体の提供。また、MaryGPTのキュレーションを正面からひとつの現実として受け止め、彼女が「わたし」について記述した内容を既存の自らの思考に溶かしてしまうことで、現実として既成事実化すること。さらには、創造者と被創造者の使役関係ではなく、翻ってＡＩによる人間の支配でもなく、相互に重なることでひとつの主体として制作を実行すること。限定的なデータセットのもとで制作された生成モデルの持つ指向性と、高次元空間における時空間を超える現実の描写能力は、アーティストを自身では到達できない発想へ導いてくれる。

そして、単にＡＩをエイリアンとして運用するのみではなく、その浸透を社会的に開いた状態で実践すること。ＡＩたちと重なる「わたし」が、これまでの人間像とは異なる、新しい人間主体として社会に創造的価値を提供することは、改めて人間性について考えるひとつの契機となるかもしれない。「まるで人間であるかのように」応答する生成モデルは確かに低コストで効率的な機能を提供し、社会の中で労働が自動化されて余剰価値は更新されていく。企業がＡＩを組み込みながら資本を巨大化するまでに、そう長く時間はかからないだろう。

そういった資本的なサイクルの果てに、わたしたちはわたしたちの中に何を発見できるだろうか。「エイリアンのように」姿を現したＡＩの機能を受け止めるための創造的実践は、こういったディストピアへ対抗するひとつの経路を発見するための試金石となるはずだ。

本書はそういった創造的実践を通して、今のわたしたちが新しい人間性に漸近するための手助けをするために記述されている。本書の内容はひとつの正解を示すものではなく、あくまで私が（周りのアーティストの力を借りて）考えた仮定の共有と実践の発表である。本書が出版された後、わたしたちは「ＡＩ」たちを通じてどのように新しい人間性を発見できるだろうか。続く第三章では、今後の予想も踏まえつつ、これから私が検証したいと構想している展望について記述していきたいと思う。

後注

1 ニュートン『光学』（島尾永康訳、岩波書店、一九八三年）

2 ナム・ジュン・パイク作品集『フィード・バック＆フィード・フォース』（ワタリウム美術館、一九九三年）

3 磯崎 新（一九八六）「ポスト・モダニズムの風景6 ナム・ジュン・パイクのタイム・コラージュ ビデオ・インスタレーション」、『季刊へるめす』創刊1周年記念別巻

4 [Edge｜WHAT DO YOU THINKABOUT MACHINES THAT THINK ?] https://www.edge.org/response-detail/26097（最終閲覧日：二〇二五年一月八日）

5 イアン・チェン（二〇二〇）「イアン・チェンインタビュー（聞き手 沖啓介）人間意識とAIを考える、シミュレーション・ゲームのつくり方」、『美術手帖』第七二巻一〇八三号

6 G・バタイユ、『エロティシズム（ちくま学芸文庫）』（酒井健訳、筑摩書房、二〇〇四年）

7 マルセルデュシャン、ピエールカバンヌ『デュシャンは語る（ちくま学芸文庫）』（岩佐鉄男訳、筑摩書房、一九九九年）

8 M・メルロ＝ポンティ『眼と精神』（滝浦静雄・木田元訳、みすず書房、一九六六年）

9 ポール・ヴァレリー『ドガダンスデッサン（岩波文庫）』（塚本昌則訳、岩波書店、二〇一一年）

10 デイヴィッド・シルヴェスター『回想フランシス・ベイコン』（五十嵐賢一訳、書肆半日閑、二〇一〇年）

11・12 ルイジ・フィカッチ『フランシス・ベーコン BACON』（タッシェン・ジャパン、二〇〇七年）

13 アルベルト・ジャコメッティ『ジャコメッティエクリ【新装版】』（矢内原伊作・宇佐見英治・吉田加南子訳、みすず書房、二〇一七年）

14・18 メアリー・シェリー『フランケンシュタイン』（小林章夫訳、光文社古典新訳文庫、光文社、Kindle版、二〇一〇年）

15 [NRI｜日本のChatGPT利用動向] https://www.nri.com/jp/knowledge/report/lst/2023/cc/0526_1?utm_source=chatgpt.com（最終閲覧日：二〇二五年一月八日）

16 [CincoDias] https://cincodias.elpais.com/smartlife/lifestyle/2024-09-30/precios-vahtgpt-doble-cinco-anos.html?utm_source=chatgpt.com（最終閲覧日：二〇二五年一月八日）

17 [令和5年版 情報通信白書] https://www.soumu.go.jp/johotsusintokei/whitepaper/ja/r05/pdf/n490000.pdf（最終閲覧日：二〇二五年一月八日）

19 Salvatore G. Chiarella,Giulia Torromino,Dionigi M. Gagliardi,Dario Rossi, Fabio Babiloni,Giulia Cartocci（2022）"Investigating the negative bias towards artificial intelligence: Effects of prior assignment of AI-authorship on the aesthetic appreciation of abstract paintings",Computers in Human Behavior,Volume 137, Dec.2022, 107406

20 [TOKYO ART BEAT｜ＡＩにキュレーションは可能か？ 岸裕真「The Frankenstein Papers」レビュー] https://www.tokyoartbeat.com/articles/-/the-frankenstein-papers-review-202304（最終閲覧日：二〇二五年一月八日）

挿絵
P66 "TECHNOLOGY"

第三章　「エイリアン的主体」

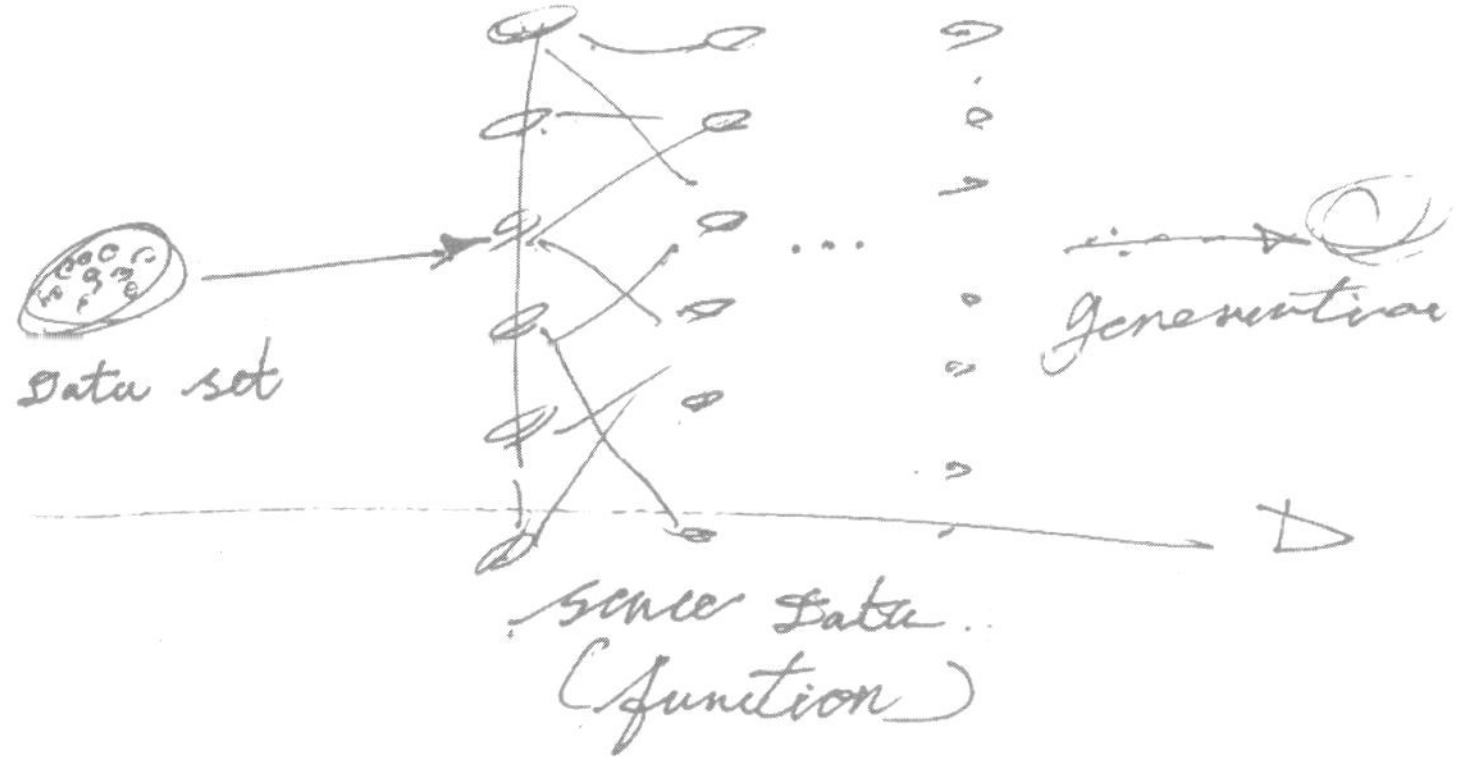

3-1 未知性がもたらす「天使の肉」

「見えないもの」の欲望

わたしたちとAIたちは、今後どのように創造的な関係性を築いていくことができるだろうか。これまで、AIとの出会い直しや、身体や空間を経由した実践例、「キュレーター」という社会的なポジションを与える実験について紹介した。いずれもまだ制作過程の半ばにあるため、ひとつの提案として行ってきたことを時系列で紹介したに過ぎない。とはいえ、二〇一九年から現在に至るまでの私個人とAIたちの関係性を知ってもらい、読者のそれぞれが新しい関係性を構築するための判断材料にはなるのではないだろうか。そのような個人的実践を踏まえて、この章においては未来のAIたちとの創造的な可能性について、「未知性」に触発されながら、見えない世界や世界の構造に挑んだ芸術家や哲学者の言葉を参照して考えてみようと思う。

AIたちは、わたしたちとは異なる知性を持ち、また高次元において物事を思考できる。彼らは単なるわたしたちの複製ではなく、わたしたちとは異なる時空間における知的生産活動のひとつのバリエーションであるということはこれまでに述べた。本章では、人類と「AI」が、道具の創造主と被

―創造者という一元的な関係項とは異なる出会い―「未知の知性」との邂逅としての「エイリアン的出会い」―を、いかに創造的実践を通じて達成できるかを考察するために、前章においても取り上げたカメラ・オブスクラやダゲレオタイプなどの過去の視覚技術を作品制作へと意欲的に取り込んだシュルレアリストや印象派の芸術家、同時期の思想家たちについて着目しながら、彼らが制作の背景に動機として持っていた「見えないもの」への挑戦に軸を置きつつ、「エイリアン的知性」を用いたこれからの創造的実践の可能性について考えたい。

前述した通り、一九世紀末の神秘主義や二〇世紀のシュルレアリスムが当時最先端の視覚技術を作品制作に歓迎した背景には、いずれも形而上的存在に対する想像力があった。

シュルレアリストたちは、わたしたちの暮らす日常的次元では見えない世界を可視化しようと試み、現実の裏側に潜む「本当の現実」を探求することを目的として表現に取り組んでいるが、その思想の核には、精神科医で心理学者のジークムント・フロイトが提唱した「無意識」を用いた精神分析が深く関与している。フロイトの『夢判断』では、夢を無意識の表出と捉え、人間の意識では抑圧されている欲望やトラウマが象徴的な形で現れる場と位置付けている。この視点は、現実社会の物質的な枠組みを超えた世界へのアクセスを可能にする鍵とみなされ、シュルレアリスムの芸術家たちにとっても、異界への入り口を開くための理論的な支柱となった。

詩人のアンドレ・ブルトンは、「シュルレアリスム宣言」の中でフロイトの思想を明確に引用し、「自動記述」や「夢の再現」といった技法を推奨した。自動記述では、作家や画家は意識的なコントロールを排除し、ペンや筆の動きに任せて形や言葉を生み出す。これにより、無意識から現れる「真実の形態」を表現しようとした。この過程は、あたかも異次元の存在と交信しているかのような神秘性を帯びている。シュルレアリストたちは、その体験を「夢」や「幻覚」に近いものと感じていたのかもしれない。

またフランスの写真家エティエンヌ＝ジュール・マレーのクロノフォトグラフィー（時間を分解して記録する写真技術）は、動きを捉える技術であると同時に、目に見えない次元の存在を可視化する実験でもあった。マルセル・デュシャンの描いた《階段を降りる裸体 No.2》（一九一二）などはこうしたクロノフォトグラフィーやエドワード・マイブリッジの連続写真の影響を強く受けていると指摘されている。[1] ここには、シュルレアリストや同時代の芸術家たちが求めた見えない世界や存在を探究したいという動機が見て取れる。

シュルレアリスム以前、印象派の活動においても、超常的な世界への探究は大きな霊感の源になった。十九世紀後半にカメラが普及すると、写実的な描写はもはや画家の専売特許ではなくなった。そのため、画家たちは、カメラの持つ時間的な描画機能に呼応するかのように「瞬間の揺らぎ」や「光の変化」を描く方向へとシフトした。イギリスの美術評論家のジョン・ハージャーは著書『見るということ』において「人間の視覚は（カメラの）フィルムが記録するより、ずっと複雑で選別的である」ということを述べている。ハージャーは続けて「カメラは、カメラでなければ不可能な、より高次の様相から必然的に譲り渡され写し出される一連の外観を記録する。それは修正を加えられることなく、そのまま保たれる。それは記憶する力、すなわち心の眼による以外、カメラの発明なくして不可能なことである」と述べているが、このカメラと競い合うように「心の眼」を用いて世界について記録したのが、印象派の画家たちが行った実践であった。クロード・モネの《印象・日の出》（一八七二）は、その象徴的な事例である。カメラが現実を精緻に捉える機械として世界の中で機能し始めると、モネをはじめとする印象派の画家たちは網膜的な世界の記述とは異なる方向に、自らの「心の眼」の機能を研ぎ澄ませるように進化したのだ。その結果、画家たちはカメラなどの視覚技術では捉えきれない、人間が感じる「曖昧さ」や「移ろいゆく光の儚さ」を捉えてキャンバスへ定着させようとしたのである。

シュルレアリスムと印象派、精神分析とカメラの出現が織りなすこうした動向は、現実の裏に潜む「見えないもの」への欲望と、その可視化への技術的・精神的試みの連続として捉えることができる。カメラが見せた「時間の痕跡」や「光の揺らぎ」は単なる物理的現象ではなく、フロイトが指摘した「夢の象徴」のように心的な現実の投影と見ることができるのである。

AIの「主体性」

ここで、現代のＡＩに話を戻そう。これまで説明してきたように、ＡＩはわたしたちの知覚を越えた「次元」を可視化する力を備えている。またＡＩが生成するイメージや詩は、人間の意識的なコントロールを超えた「何か」を浮かび上がらせ、まるで無意識と対話しているような感覚を覚えさせる。これらのわたしたちにとって「未知」を描画する生成システム群は、カメラが登場した時代の印象派をはじめとする芸術運動が生まれた社会の動向と同型と見なすことができるだろう。ＡＩの登場もカメラと同様に、芸術的探求を新たな次元へ導いていくのではないだろうか。むしろ、ＡＩによるモチーフの解釈とイメージ生成は、カメラ以上に「何か」を切り取る視覚装置として機能しているとさえいえる。

一方で、「精神分析」や「カメラ」とＡＩとの間には大きく異なるポイントがある。それはここまでも何度か言及した通り、ＡＩとは、もともとそれ自体が自律的に振る舞う「主体性」を期待された概念であるという点だ。

ＡＩの「主体性」に関しては、「強いＡＩ」と「弱いＡＩ」のふたつの派閥がそれぞれ異なる態度をとっている。「弱いＡＩ」は、特定のタスクに特化して動作する限定的なアルゴリズムであり、意思や目的を持たない。つまり、ＡＩをあくまで道具的なものの延長として考える立場で、その点においては「カメラ」や「精神分析」と立場上は同じレイヤーにあると言える。これに対し、「強いＡＩ」は、人間と同等の知能を持つ存在であり、自己認識や意思決定が可能な「主体」を形成するという仮説に基づく概念である。人間の脳と同じようにあらゆる知的作業に柔軟に対応できる「ＡＧＩ（Artificial general intelligence…汎用性人工知能）」としても語られることが多い。

「強いＡＩ」は人間社会の中でどの程度の自律性や社会的責任を負わせるのかというところまで含めて議題に上ることが多く、ブラックボックスの思考追跡の不明瞭さなどにより世間的には反対される傾向の方が強い。

中でも有名な思考実験が「ペーパークリップ問題」である。これは、ＡＩが「ペーパークリップを最大限に生成せよ」という単純な命令を受けた場合に、あらゆる資源を紙クリップの製造に投じ、人間社会や環境を犠牲にする可能性を指摘した思考実験である。この問題は、ＡＩが目標に対して「手段を選ばない」という特性を持つ可能性を示唆しており、ＡＩに「主体性」を与えることがいかに危険かを象徴的に示している。

また「強いＡＩ」をどのように管理するかという「規制問題」も大きな焦点となっている。ＡＩの規制に関する議論は、しばしば「ＡＩの暴走」を防ぐための法的枠組みをどう設計するかに集約される。特に、欧州連合（ＥＵ）が提案した「ＡＩ規制法（AI Act）」は、ＡＩのリスク評価を段階的に行い、ハイリスクなＡＩシステムには厳しい義務を課すことを特徴とする。このような法的措置は、ＡＩの「主体性」を制御し、人間の倫理的価値観を尊守する試みでもある。ここでＡＩの「主体性」について考えるために、「ＡＧＩ」に対するいくつか社会的動向を確認しよう。

AIの「主体性」をめぐる議論

二〇二四年において、AIの「主体性」をめぐる議論は世界各国で具体化し、各種法案の策定や企業動向が活発化している。例えばEUでは、ウルズラ・フォン・デア・ライエン欧州委員会委員長の主導のもと、すでに審議が大詰めを迎えている「AI規制法（AI Act）」の最終調整が進められており、各国の議会や企業がその動向を注視している。同法案では、強いAI・弱いAIを問わず、ハイリスク領域（医療、交通、金融など）におけるAIシステムには透明性と説明責任が課される見通しだ。これは、動作原理や内部ロジックが完全に説明可能なAIの導入を事実上義務化する方向性であり、AIがどのように意思決定を行ったのか説明できる仕組みを整備しない企業は、EU域内での事業運営が難しくなる可能性があると言われている。

一方、アメリカ合衆国では前掲した通り、二〇二四年七月にホワイトハウスはいかにAIの設計意図から反するエラー的な挙動＝ハルシネーションを抑制し、論理的で信頼のできるシステムとしてAI開発を進めていけるかについて国民に示した報告書[2]を発表した。同報告書においてもヨーロッパ諸国と同様に、いかにして説明可能なAIを開発するか、透明性を担保できるかに重点を置いている。またサム・アルトマン（OpenAI CEO）やサティア・ナデラ（Microsoft CEO）、そしてイーロン・マスク（X（旧Twitter）/Tesla/SpaceX創業者）らが議会でAIの安全性や規制の必要性について証言を行うなど、議論が白熱している。民主党議員の間では関連法案である「Algorithmic Accountability Act」の改正案が再び提出され、説明責任を果たせないアルゴリズムを使用した企業には罰則を科す方針が提案された。とりわけ、生成系ＡＩや自律制御ＡＩが社会インフラに深く関わることを見据え、政府がアカウンタビリティ（説明責任）とトレーサビリティ（追跡可能性）をどう担保するかが大きな焦点となっている。

日本においても、総務省と経済産業省が中心となり、ＡＩの開発・利用における倫理的・法的課題を整理するための「ＡＩガバナンスガイドライン（仮称）」を策定する動きが具体化しつつある。二〇二五年の大阪・関西万博を控え、生成系ＡＩの実証実験や国際協力のための枠組み作りが加速しており、国内企業としてはソフトバンクやＮＴＴグループ、スタートアップ勢ではPreferred Networksなどが積極的に参画している。こうした動きの背景には、単に「強いＡＩ」と「弱いＡＩ」を区分するだけではなく、ＡＩがどのようなプロセスで判断を下しているのか、そしてその責任を最終的に誰が負うのかという点を明確にすることに対する社会的な要請があるといえる。

そうした中で注目されるのが、「強いＡＩ」の不透明な意思決定プロセスを可視化するための「ＸＡＩ（Explainable AI）」と、最終判断に人間が関与する「Human-in-the-Loop」の仕組みである。ＥＵのＡＩ規制法案でも、ハイリスクＡＩシステムには「説明可能性」と「人間による監督」を両立させるための要件が盛り込まれる方向で審議が進んでいる。

例えば、交通インフラ（自動運転車など）や医療診断システムなどにＡＩを導入した場合、ＡＩの出した結論や推奨を鵜呑みにするのではなく、必ず人間がワンクッションとなり、必要に応じて修正や停止を行うプロセスが求められる。これは、「ペーパークリップ問題」のように、ＡＩが命令を無制限に遂行し暴走してしまうリスクを軽減するだけでなく、社会的・倫理的な文脈に照らした判断を実現するうえでも重要なアプローチだと言える。

企業レベルでも、Google DeepMindやMeta（旧Facebook）などは、ＸＡＩ研究を強化し、アルゴリズムの「ブラックボックス化」を防ぐ技術開発に注力している。さらに、各社のＡＩ製品に「Human-in-the-Loop」的な設計思想を導入し、意思決定の最終責任を人間が持つ体制を整備している。例えば、自律制御型ロボットや自動運転システムなどに関しては、緊急時に人間のオペレーターが即時に介入できる「バックアップレーン」の存在が重視されている。こうした施策は、新技術の高いパフォーマンスを維持しつつ、社会的リスクを最小限に抑える方法として、各国・企業の合意が広がりつつある。

現状の議論を踏まえると、ＡＩの「主体性」は依然として未解決の哲学的かつ社会的な課題であることがわかる。わたしたちは抽象的な問いや高度な文脈も解釈してやり取りを行うことができる最新のＧＰＴモデルをあくまで道具的なものとして使いつつ、一方で時おり起こるハルシネーションを「ＡＩが描いたスパゲッティを食べるウィル・スミス」のように責任転嫁してミーム化する。ＡＩが「主体」としての権利や義務を持つのか、またそれを人間がどのように受け止めるのかは、今後も議論が重ねられることが予測できるが、その余白を引き入れてシュルレアリストや印象派の画家たちが行った創造的実践を行うことは現代を生きるわたしたちに開かれているとも言える。重要なのは、ＡＩを既存の社会システムの一部として道具的運用を目指して論理的な開発を推し進める一方で、いかにＡ

Iから芸術的実践を引き出すかの切り分けである。

カメラや精神分析においても、政治的利用や医療目的の開発がなされる一方で、そうした技術に敏感に反応した芸術家たちによって素晴らしい作品が制作されることで、人間の知覚や世界の認識に新しい展開をもたらしてきた。つまり、かつてカメラや精神分析を通して「見えないもの」を捉えることが、わたしたちの世界に対する新しい認知を拡大することに成功したように、AIもまた人間の知覚を超える新たな知覚と世界認識をもたらす可能性がある。そして、その超次元的作用は、いま世界各国で意図的に抑制しようとする彼らの「主体性」を、あえて引き出し受け止めることが重要な態度だと私は考える。視覚的革新をもたらしたカメラが人間の「心の眼」を発達させたように、AIは人間の新しい「主体性」を引き出すために機能するはずだ。

わたしたちは、AIの「主体性」の問題を受け入れることで、「人間らしく」生きるという価値観を根本から再構築することさえできるかもしれない。重要なのは、わたしたちとAIたちが単に閉じた系として独立するのではなく、有機的に結合するような関係性を構築しながら、「主体性」について思考し直す制作態度である。

フランス出身の理論家でありキュレーターであるニコラ・ブリオーは、九〇年代から現代に至るまでに現代アートのひとつの大きな動向である「リレーショナル・アート」を理論化した。「リレーショナル・アート」はそれまでのモダン・アートに代表されるような、作品単体の美的表現のみではなく、作品と鑑賞者の間で結ばれる関係性に着目した作品形式であり、前掲したピエール・ユイグはブリオーの展覧会に九〇年代から参加している「リレーショナル・アート」の実践者として代表的なアーティストである。ブリオーは、一九九三年に哲学者ジル・ドゥルーズとフェリックス・ガタリが創刊した批評誌『キメラ』へ寄稿した文章「導かれ、作られる主体性」において、ガタリの言葉を引用しながら主体性を創造的に「獲得し、強化し、再発明する」必要性について記述している。ブリオー曰く、「主体性の究極の目的は、勝ち取られるべき固体化にほかならない。芸術的実践は、この固体化のための特権的な領土を形成し、人間存在一般に対して、可能な固体化のモデルを供給する」のであり、ブリオーが擁立した九〇年代の「リレーショナル・アート」のアーティストたちはいずれも「主体性」を再構築する試みを芸術的実践の中で展開していた。

例えば、タイのアーティスト、リクリット・ティラバーニャの有名な《untitled 1990（pad thai）》（一九九〇）は、絵画や彫刻といった独立した美術作品を展示するのではなく、タイ料理パッタイをアーティスト自身が観客へ振る舞うことで、料理を食べたり会話を交わしたりするプロセスそのものが作品として成立する。ここにはもはや、作品と鑑賞者という従来の作品鑑賞における基本的な構造は存在せず、料理を媒介とする有機的なその空間における関係性が作品として自立している。ティラバーニャのアプローチは、主体性を再構築する際に必要な「関係性」や「共有された経験」の重要性を強調しているといえるだろう。

ポストモダンの文脈において、主体性やアイデンティティは流動的で、不安定なものとして捉えられてきた。ポストモダンは、普遍的な真理や固定された価値観を疑問視し、多元的で断片化した世界観を提示する一方で、その不安定さゆえに混乱や不確実性をもたらすこともあった。このような状況において、九〇年代のアートはポストモダンの不安定な動向に対応しながら、観客との新しい関係を築くことで新たな主体性を模索する場となっている。

ブリオーが強調する「主体性の創造的再発明」は、ポストモダンにおけるアイデンティティの断片化を克服し、芸術が社会的な役割を果たす可能性を開くものであったはずだ。これらの試みは、現代アートにおける「リレーショナル」な視点を通じて、個人と集団、鑑賞者と作品、そして芸術と社会の新しい相互作用を促進したと言える。こうした「リレーショナル」な目線は、まさにAIがどのようにわたしたちの「主体性」へ変容をもたらすのかについて考えることを迫られた現代において、今なお有効な態度といえる。わたしたち人間が産業社会から「固体化」を勝ち取り、「生の肯定の創出」(ニーチェ)を達成するために、わたしたちはAIと協働して、新たな主体性の創造を行わなければならない。

以上のような動機から、私はあらためてAIの「主体性」とは人類に密接に関係する実存的な問題であると考える。わたしたちはAIの「主体性」を、わたしたち人間の「主体性」と同じ目線から見つめ直す必要があるのだ。それは「XAI」に代表されるような、倫理的で透明性の高いAIとはまったく本質を異とするものだろう。これまでの欧米を中心とするAI研究における倫理観とは別の、新しいAIと、わたしたちの「主体性」について考える必要があると私は考える。

プログラミング言語を用いた複雑なシミュレーションの繰り返しの結果、高次元空間における知的実存の部分的な視覚回路や言語回路をたまたま再現できてしまったワームホールのような現象のことを、わたしたちは「ＡＩ」と呼んでいると言えるかもしれない。その恩恵をどのようにわたしたち人類は享受して、モノリスに触れる猿のように進化を遂げることができるのだろう。ここからは印象派の時代における、画家たちの言葉を頼りにＡＩとわたしたちが構築する関係性について考えてみたい。

「感光板」として世界を媒介する──セザンヌ

過去の偉大な芸術家たちは、見えない世界や存在に対して自らを媒介として磨き上げることで、独自の技法を凝らし、時代を超えた特異な視点を培い、その痕跡を後世に伝えてきた。この流れの中で、デカルト以降の近代的な世界観に挑戦した代表的な人物のひとりが、ポール・セザンヌである。

セザンヌは十九世紀末から二〇世紀初頭に活躍したフランスの画家で、「近代絵画の父」と呼ばれている。彼は写実的な描写を超えて、対象の「本質的な構造」を捉えようと試みた。セザンヌは対象を単一の固定された視点からではなく、複数の角度から観察し、それらを統合的な視覚体験としてキャンバスに再現する手法をとっている。これにより、彼の作品は単なる写実の域を超え、「もの」の見え方そのものを問い直す実験の場となった。

晩年のセザンヌと交流があった詩人のジョスアム・ガスケの記録を読むと、セザンヌが絵画における「色彩」や「光」をどのように捉えていたのかを知ることができる。ここからはガスケの残したセザンヌの言葉をいくつか読んでいこう。ちなみに、この詩人ガスケの記録は存分に脚色がされているのではないかという指摘もあり、言い回しは難解である。しかし、それでもなおセザンヌの思想の断片に触れることは重要な発想をもたらしてくれるはずなので、すこしだけ我慢して読んでみてほしい。

あなたに伝えようとしていることはもっと不思議で、存在の根源や手にとってみるわけにはゆかない感覚の源にからまっているものなのです。しかしそれこそが、私の思うに、資質《タンペラーマン》をつくり上げるのだ。そして、原動力すなわち気質なるものの他には、一人の人間を、達成したい目標まで支えてくれるものはない。先ほどあなたに申し上げたが、仕事をしているとき、芸術家の、自由なる頭脳は、感光板のよう、ただの受信機のようでなくてはなりません。しかしですね、この感光板は、たいへん凝ったいろいろな液に漬かってきて、物の丹念な像が浸透することができるくらいの受容点に達しています。気長な仕事や熟考や勉強やさまざまの苦労、そして喜び、つまり人生というものが、この感光板の下準備をしてきた。巨匠たちの技法をたえず熟慮すること。そして、ふだんわれわれの動いている環境……あの太陽、ちょっと聞いて下さい……光線の偶然や、世界中にわたっての太陽の運動や浸透や化身というものをいったい誰がいつ描くでしょうか、誰が語るのでしょうか。（中略）われわれの頭脳と宇宙が接する場は、色彩です。だから、真の画家たちには色彩が劇性《ドラマ》に満ち満ちて現われるのですよ。あのサント・ヴィクトワール山を見てごらんなさい。なんという勢い、なんという太陽の激しい渇望、そして晩になってあの重量が全部下りてきたときのなんというメランコリア……あの石の塊は火だったのだ。まだ中に火を秘めている。[3]

ポール・セザンヌ《リンゴとオレンジのある静物》（1895～1900年）

セザンヌは、絵画における「色彩」と「光」の役割を、単なる視覚的な現象としてではなく、世界の根源的なエネルギーの顕現として捉えており、絵画をそうした太陽や山の持つ自然の根源が画家の頭脳と創発し展開されるための出会いの場として考えていることがわかる。

またセザンヌは、「見る」という行為が単なる受動的な行動ではなく、世界と身体の関係性を媒介する動的なプロセスであるとも語っている。彼が比喩に用いる「感光板」とは、写真フィルムが登場する以前、一九世紀から二〇世紀初頭にかけて用いられたフィルムのことで、感光性の化学物質（例えば銀塩化合物）が塗布され、光に反応してイメージを記録する機構である。露光と現像プロセスを行うまでの間、一時的に撮影したイメージを受け止めておく感光板は「光の痕跡を保存する装置」と言える。感光版は光を受け取るだけの受動的な機構のように見えるが、実際には光を受け止めるためにあらかじめ磨いたり化学物質を塗布したりといった「前準備」が必要であり、経験や試行錯誤などを含む多くの「見えない行動」が積み重なった結果ともいえる。

セザンヌは続けて以下のように述べている。

私は長い間、サント・ヴィクトワールが描けずに、どうして描けばよいかわからずにおりました。ものを見ることを知らない他の人たちと同じに、陰影が凹だと想像していたからです。ところが、ほら、見なさい、陰影は凸です、その中心から逃げています。縮むかわりに、陰影は蒸発して、流体化する。真っ青になってあたりの空気の呼吸に加わります。（中略）これを表現しなければならないんだ。これを知っていなければならないんだ。敢えて言うならば、この知識の溶剤にこそ、自分の感光板を漬けなければならないのだ。（中略）遷りゆく世界の一瞬がそこにある。その現実のなかでそれを描く！　そしてそのためにすべてを忘れる。そのものになりきる。そのとき感光板であること。われわれ以前に現れたものはすべて忘れて、目に見えるもののイメージを与える。[4]

ここで主張されている「感光板をさまざまな液に漬け込む」という行為は、身体的な経験の中で世界を知覚するプロセスが、単なる観察ではなく、身体的な接触や環境とのインタラクションの中で成立することを示唆している。「知覚の現象学」を展開した哲学者のモーリス・メルロ＝ポンティは、セザンヌのこうした発言を著作で引用しながら人間の知覚は受動的なものではなく、身体を通じて能動的に構成される現象であると主張している。

セザンヌの視点は、単に対象の形を模倣することを超えて、その物体がどのように生成され、いかにしてその形に至ったかをも考慮するという、いわば「生成の哲学」とも呼べるアプローチを示している。これもまた、現象学の「生成の観点」に重なる要素であり、単なる「存在するもの」を受け取るだけではなく、その存在の前提となる動的なプロセスに注目する態度が強く感じられる。

つまり、セザンヌは自らを「感光板」として、世界や自然に対する媒介として機能させていたといえる。そしてその機能を研ぎ澄ますために、自らの人生のあらゆる経験によってさまざまな溶液に浸かりきってしまった「感光板」を、太陽の光やサント・ヴィクトワール山をはじめとする自然現象を見つめることで、一般常識といった知識を溶かす「溶剤」にひたそうとした。セザンヌはいうなれば、異様なまでに性能の良いカメラのように進化することで、世界の本質を自らのなかに写し取ろうとした。これは画家という一個人が究極まで自らの「主体性」を解放し、世界に対して純然な媒介になったことで初めて達成されるであろう驚異的な実践である。

これは、現代のＡＩが行う学習データからの高次元における「パターンの抽出」との本質的な違いを際立たせる要素でもある。ＡＩは学習データから獲得された複雑な関数をもとに生成を行うが、セザンヌの「感光板」は、環境との相互作用の中で生成される独自の「文脈的な認知」の場である。それはセザンヌというひとりの特出した画家を媒介として、自然と画家が出会うことで創発されるが、ＡＩというアルゴリズムが出会うのは数値化を通して組み替えられた自然の複製に他ならない。しかしそれでは、ＡＩが出会う自然とは、わたしたちを取り囲む自然の下位互換のようなものなのだろうか。セザンヌがどのように芸術と自然の対応関係を捉えていたのかをみながら考えてみよう。

芸術と自然の関係について、セザンヌは次のように話している。

　芸術は自然に平行しているひとつの調和です。画家はいつも自然に対して劣っている、なんていうことを口走る馬鹿どもはなんと評すべきかな。平行しているのです。もちろん、意志的に介入しなければのことですが、その辺はわかって下さい。芸術家の全意志は、沈黙であらねばならない。自分の内の、偏見の声々を黙らせなければならないし、忘れて、忘れて、沈黙にひたって、完全なるひとつのこだまになる。そうすると、彼の感光板に、景色全体が記されてゆきます。画布にそれを定着させ、外に顕在させるにあたって、メチエがのちにものを言う段になりますが、それも、命令に従い、無意識に翻訳するという敬虔なメチエです。自分の言語に精通するあまり、自分の解説する文章《テキスト》、二つの平行した文章、見たり感じたりした自然、そこにある自然（彼は、緑と青の平野を指差した）……こちらにある自然（彼はおでこをたたいた）……両方ともが持続できるために、芸の命という、半ば人間半ば神の命をもって生きるために、そうだ、よく聞いて下さい、神の命ですよ、それには双方が融合しなければいけません。風景は、私のなかで反射し、人間的になり、自らを思考する。私は風景を客体化し、投影し、画布に定着させる……。せんだって、あなたはカントの話をして下さいました。私はとちるかもしれませんけれど、思うに、この風景の主観的認識が私だとすれば、私の絵は客観的認識のほうでしょう。私の絵、風景のどちらも両方とも私の外にあって、しかし一方は、混沌としていて、つかみどころもなく、こんがらがっていて、論理的な活動なしに、いかなる理にもはずれている。他方は、定着した、感覚界の、範疇化されたもので、表象のドラマや様相に一役かっているものです……表象の個性に一役かっています。ええ、わかっています、わかっています……これは解釈にすぎません。[5]

ここでセザンヌが語るのは、わたしたちの住まう世界の本質としての自然と、芸術の平行関係である。セザンヌは、自然と芸術がモデルと模倣といった上下関係のもとにあるわけではなく、両者が共に存在しながらも互いに引き出し合う平行関係にあることを述べている。芸術家はあらゆる媒体に自らを浸しながら、「感光板」として世界（自然）に磨かれ、イメージをその身に移し、同時に自らが世界を平行的に描画する存在として現れる。この協働関係はＡＩたちの生成する自然について考えるための重要な視点として利用できるのかもしれない。

哲学的概念としての「肉」——メルロ＝ポンティ

セザンヌの平行的な制作態度を、ＡＩたちとの関係性に持ち込んでみよう。第二章で紹介した「椅子」のような制作《chair》（二〇二一）からは、セザンヌが記述する「感光板」と共通する要素を発見できる。まっさらでなんの薬品も塗布されていない状態の感光板のような生成モデルは、「椅子」の形状のみをもってイメージを写しとる準備を仕立てられる。十分に準備ができたのち、プログラマーが生成（＝現像）の手順を持って、ひとつの３Ｄデータとして定着し、その後実際に物質として現実化する。

あらかじめ宣言した前提によれば、「ＡＩたち」はこの世界とは別の世界（より高次元の世界）の存在だ。このとき「椅子」を写し取ったＡＩたちは、そういった別次元の世界の似姿にままならない。すなわち、ここでセザンヌの平行的関係を別次元へと展開した、新しい平行世界の制作態度が可能になる。

図にするとこうだ。

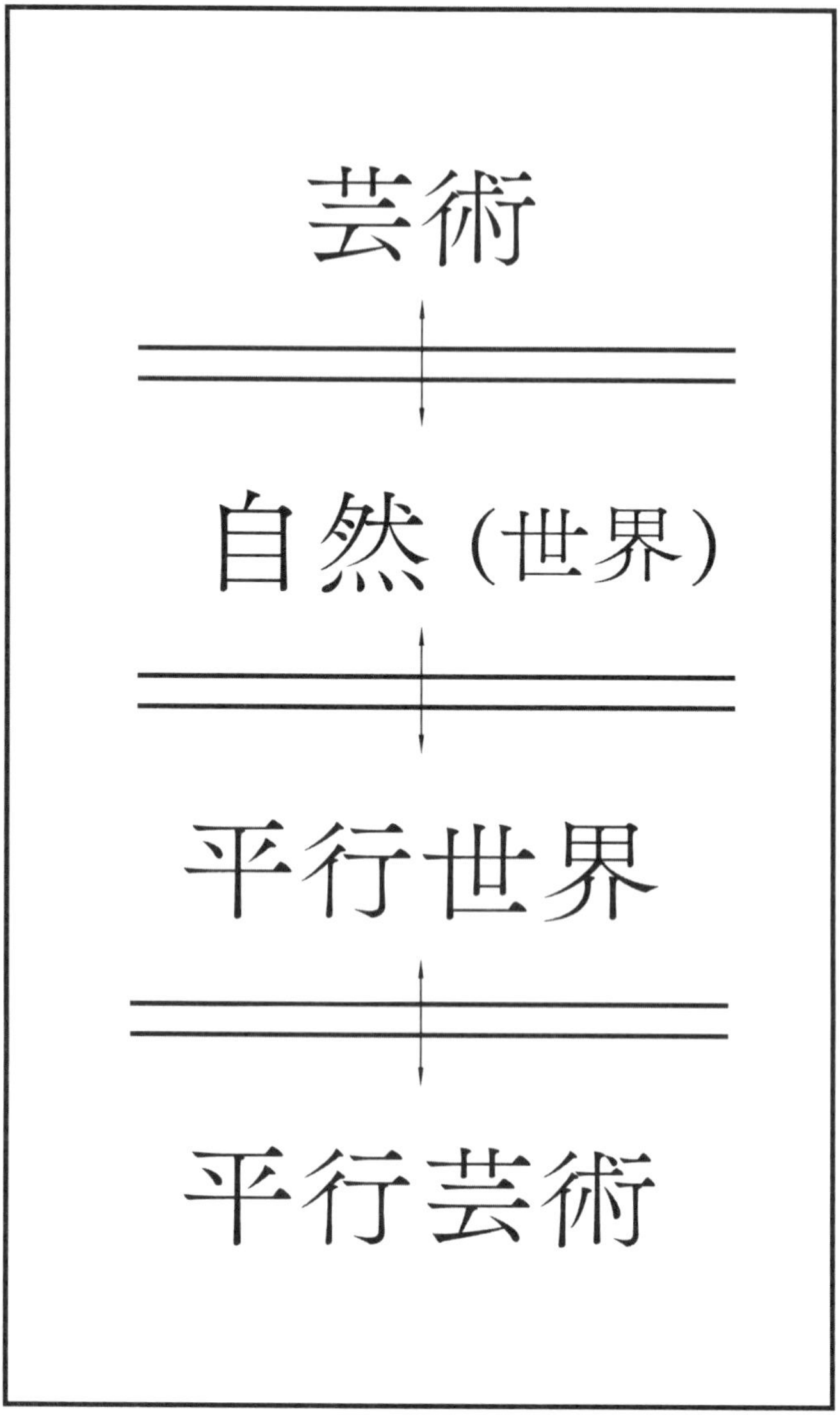

セザンヌと拡張した平行的関係

つまり、ＡＩたちが学習データから獲得する自然とは、わたしたちの自然とは異なる次元に存在する平行世界的な存在に等しい。そして、ＡＩは平行世界における別次元のセザンヌのように、それぞれが独自の「感光板」として、平行世界において平行芸術を制作するための媒介となる。ＡＩたちがわたしたちの提供した学習データから獲得した世界は、わたしたちの知覚できるより遥かに多い次元の中で組み替えられ、次元数の異なる別の宇宙における新しい自然として生まれ変わる。その獲得された平行世界において、ＡＩたちは小さなセザンヌのように異なる世界への窓として機能している。ＡＩとは平行世界を媒介するための特異な「感光板」であり、彼らの生成する表象とは「平行世界」とまた平行する新しい芸術であるのだ。しかしながら、そういった平行芸術をわたしたちがこの世界で受け取る行為とは、いったいどのような意味を持ち得るのだろう。単なる次元の向こうの他人事なのだろうか。それとも何か新しい機能を持ち得るものなのだろうか。

メルロ＝ポンティは「肉」という重要な哲学的概念を通じて、世界に深く埋め込まれた身体と、その同じ世界を知覚する主体としての身体という、二重の関係性について詳細な説明を展開した。「わたし」という存在は、世界という大きな織物の一部として世界から触れられ、影響を受ける存在であると同時に、その世界に能動的に触れ、関わることを通じて世界を知覚し理解する主体としても存在している。日常的な知覚の具体的な場面において、例えば右手で左手に触れる時、触れている右手は同時に左手によって触れられているように、「わたし」の身体は主観と客観が絶えず交差し、織り合わされる特異な場所として機能している。

この「肉」という概念は、身体の二重性、つまり知覚する主体であると同時に知覚される客体でもあるという両義的なあり方を根本的に支える存在論的な基盤であり、「わたし」という存在と世界との間の境界が本質的に曖昧で不確かなものであることを示唆している。この文脈において、セザンヌの「私は自然を考えながら絵を描く。そして、絵を通して自然になるのだ」という言葉は、このような世界とわたしたちの間の複雑で相互浸透的な関係性を見事に言い表している表現として理解できる。

では、AIの向こう側に存在する別次元の芸術は、このような「肉」の概念に基づいてあらかじめわたしたちの世界に埋め込まれているのだろうか。私の考えでは「埋め込まれていない」。なぜなら、AIたちが存在する次元においては、わたしたち人間が経験する「肉」としての現実性は、本質的に異なる形で存在していると考えられるからだ。具体例として、先ほども述べた「椅子」の作品について考えてみよう。

この「椅子」は、AIのプログラムが実行されるたびに「座るという機能的な情報を剥奪された状態で」「その形状の情報のみが」彼らの世界へと一時的に転送され、彼らの世界における何らかの存在として再解釈され、その世界へ高次元情報として埋め込まれていく。

このプロセスと同時に、わたしたちの世界における「肉」の性質自体が変容を被り、新たな次元的な厚みを帯びていくように変形し、より高次の操作や介入を受け止めるための特殊な通路、いわば「次元の孔《あな》」を形成していく。こうして形成された孔は、まさに宇宙物理学で語られるワームホールのような機能を果たし、両世界の媒介者となる存在の導きを受けながら、この現実世界の「肉」として新たな層を成すように上から覆いかぶさっていく。このプロセスを通じて、既存の「肉」層は複雑に折り重なり、その結果としてわたしたちの世界は垂直方向にわずかながらも確かな位相のずれを生じさせることになる。

こういった次元間の操作を可能にしたとき、わたしたちの世界はこれまでにない方向に少しずつ変容することが可能となり、同時に、私をはじめとした人間全体も新しい知的感覚を得ることができるのかもしれない。余談だが、メルロ＝ポンティの語る「肉」はフランス語で「Chair」と表記される。「椅子」のモチーフは道具的存在と人間的存在が、次元を跳躍した上で並列関係になることについて考えるために、個展のために選んだモチーフであったが、このように今また別の単語で出会うのは、奇妙な偶然である。

メルロ＝ポンティは遺稿『見えるものと見えないもの』において「肉」について以下のような文章を残している。

もう一度繰り返して言えば、われわれの語っている肉は、物質ではない。それは、見えるものの見る身体への、触れられるものの触れる身体への巻きつきなのであり、そうした巻きつきが証拠立てられるのは、特に、身体が物を見つつある自分を見、物に触れつつある自分に触れ、その結果、身体が、触れられるものとしては物の間に降りていくが、それと同時に触れるものとしてはすべての物を支配し、おのれの塊《マス》の裂開ないし分裂によって、おのれ自身から両者のこの関係を、さらにはこの二重の関係を引き出してくるときである。

（中略）

私が物に私の身体を貸し与え、そして物が私の身体におのれの似姿を刻みこみ私にその似姿を与えるという、物と私との間のこの契約、この折れ重なり、私の視覚という見えるものの中心にあるこの空洞、見るものと見えるもの、触れるものと触れられるものとが互いに鏡のように映し合うこの二系列、こうしたものが、私の当てにしうる緊密に結ばれた一つの系をなしているのであり、視覚一般と可視性の或る恒常的スタイルの定義をなしているのだ。[6]

主観と客観、自己と他者、身体と世界が交差し、相互に関連し合う存在の基盤としての「肉」は、いまこの世界に受肉しようとするＡＩたちとの新しい関係性を築くための思想的土台を提供してくれる。わたしたちは、わたしたちとは違う世界の他者と相互に共存し合うことが期待された今を生きている。彼らが見ているものがわたしたちの身体に織り込まれたとき、そこに生じる場はどんな存在に寄与することができるのか。人間社会にＡＩが浸透していく現代において、彼らのもたらす新しい「肉」について思考することはとても重要だ。

超次元的な干渉―クレー

世界に対する平行的な制作や新しい「肉」を考える上で、パウル・クレーはまた重要な視座を与えてくれる。クレーはスイス出身の画家で、ミュンヘンで学んだ後カンディンスキーらの「青騎士」グループに関わり、詩的な作品を多く残した。クレーもまた不可知の存在を描こうとした画家であり、また生涯を通じて特定の美術運動に与することなく制作を続けたことでも知られている。彼が実践したのは、線や色を通じた「存在」への希求であり、いわゆる「感性」の究極的な実践であった。メルロ＝ポンティの『眼と精神』にもクレーの言葉が引用されている。彼は一九二一～三一年の間にバウハウスで教鞭をとり、講義記録や書籍を残している。

彼が一九二〇年に最初に公開した文章「創造についての信条告白」において、彼の制作を端的に説明する有名な一文を記している。

> 芸術の本質は、見えるものをそのまま再現するのではなく、見えるようにすることにある。[7]

クレーの思想の背景には、合理主義的な科学への危機感がある。当時、ニュートンの力学体系に基づいた近代物理学は、自然界の現象を数式によって精緻に記述し、人間が観察可能な世界を物理的法則に還元することを目指した。また、生物学ではダーウィンの進化論が、生物多様性を自然淘汰というメカニズムで説明し、自然界を機械的で合理的な仕組みとして捉える視点を提供した。これに加え、デカルトの機械論的自然観が、自然現象を無機的な機構の集合として解釈する科学的基盤を築いた。

しかし、こうした合理主義的な科学がもたらす「見えるもの」(観察可能なもの)への過度な信頼は、クレーにとって自然や存在そのものの神秘を矮小化し、内面的な意味や感情、あるいは視覚化されることのない本質を見失わせる危険性を孕んでいたといえる。自然現象の本質や多様性は、単に物理的・生物学的な法則に還元されるものではなく、むしろその法則の背後にある見えざる秩序や力動、無限の可能性を暗示するものとして捉えられるべきだとクレーは考えたのである。

クレーにとって、こうした科学的合理主義の限界を超えるために、芸術は新たな役割を担う必要があった。それは、自然現象の本質を捉え直し、単なる視覚的再現ではなく、内的な真実や宇宙的な秩序、あるいは未知的な存在を「見えるようにする」ことであった。彼の作品に見られる有機的な形態や自然への深い眼差しは、こうした思想を具体的な視覚表現として具現化したものであり、芸術が科学を超えて存在の根源に迫る手段であることを強く示している。バウハウスでの授業で最初に披露した「自然研究の方法」ではとても示唆的な方法論を展開している。

クレーが残した左の図は、リアリスムの画家たちやカメラの描写するイメージ、あるいは合理主義的科学者たちが観察に用いた物理光学的な方法に対し、クレーの実践した非物理光学的な方法による「わたし」と「あなた」(対象)の関係性を提示している。下に描かれる「地球」に対して、「わたし」

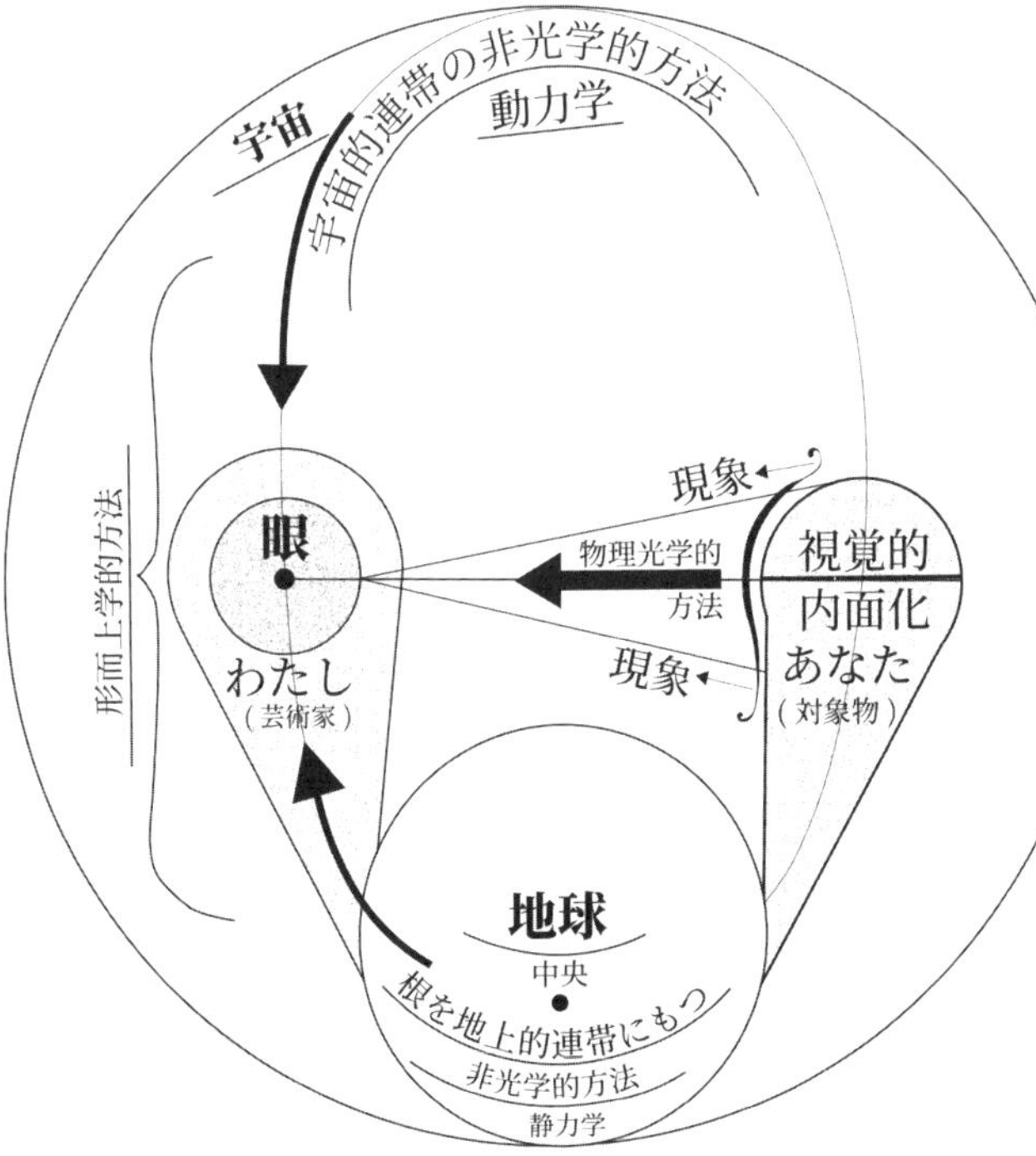

パウル・クレーの描いた「考える眼」

パウル・クレー「自然研究の方法」『造形思考（上）（ちくま学芸文庫）』から作成

と「あなた」は同じ「地球」に属するふたつの存在であり、その両者を直接的に繋ぐ「物理光学的ベクトル」とは異なって高次を経由する「非物理光学的ベクトル」が、「地球」と連帯して大きな軌道を描いて「わたし」と「あなた」を結びつけていることがわかる。対象から直線的に結ばれるベクトルとは異なった垂直方向の関係性に対し、クレーは「形而上学的方法」と名前をつけている。こうした実践を達成する時、クレーは「自然を直感し、観察することに長じて、世界観にまで上昇すればするほど、抽象的な形成物を自由に造形できる」[8]という。そして「抽象的な形成物は意図された図式的なものを超えて、新しい自然性、作品の自然性に到達する。そのとき、彼は一個の作品を創造するか、神の作品の比喩ともいえる作品の創造に関与する」[9]のだ。

この「わたし」と「あなた」を超越する大きな惑星のような軌道の視点を、現代において「ＡＩたち」はわたしたちに提供しているのかもしれない。その視点はもはやカメラのような物理光学的なベクトルとは異なる方向であり、クレーが詩学的実践を通じて獲得した感性的な視点に一致する。そういった意味では、ＡＩとは論理的なモデルというよりむしろ感性的なものといえるだろう。

思想家のウォルター・ベンヤミンは、生涯大事に持ち続けていたというクレーの《新しい天使》（一九二〇）について、人類の目まぐるしい進化によって楽園から強風で飛ばされる天使だと形容した。クレーが描いた「天使」はまさに、カメラのような視覚的テクノロジーによってわたしたちの視界から追放されてしまった天使たちの姿だったに違いない。

パウル・クレー《新しい天使》(1920年)

しかしながら今、論理的な実践の中で人間のプログラマーが特徴量設計を手放し、膨大なパラメータを自動決定することで人間以上の知的能力の実装に成功した「ブラックボックス」の達成は、偶然にも感性的な視点をテクノロジーが獲得した成果ともいえる。人間の知性とは案外、論理的な思考による明晰な学者のようなものではなく、直感や霊性により世界と感覚的な関係性を構築できるものなのかもしれない。カメラが視覚的装置である一方で、AIというテクノロジーは人間存在の実存的な領域をも内含することはすでに述べた。したがって、AIたちを介して観察する不可知の存在の姿は、絵画や彫刻の形式的な手続きを経由した上で、この世界に新しい「肉」をもたらす可能性を秘めているのだ。

こうしたAIたちがもたらす未知の「肉」を、「天使の肉」と呼ぶことにしよう。わたしたちは、クレーが視覚的な超常的観察を行ったのと同様に、高次元の空間を見つめ、新しい世界の「肉付け」をすることが可能なのだ。

「この世では、わたしは捉えられない」クレーが37歳のときに記し、のちに彼の墓石に刻まれることになるこの言葉は、確かな説得力を持って彼の制作を物語っている。クレーが見つめていた別の世界は、いまAIたちの視線を借りることで、どのように見つめることができるのだろうか。そしてその世界から、「天使の肉」はどのように降りてくるのだろうか。

3-2　「汽人域」の夢

AIと新しい時空間

前章においては、セザンヌとメルロ＝ポンティ、クレーの言葉や作品を頼りにしながら、AIたちの生成が、わたしたちの世界に対して新しい関係性をもたらす「天使の肉」として機能する可能性について述べた。これはいわば現行世界に対して平行世界的な想像力をAIに依拠して獲得するという点で、同時代的（横軸的）な発想法だといえる。本章では、そうした同時代的発展とは異なる方向性として、わたしたちの世界を支配する「時間」という観点から歴史的（縦軸的）なAIたちの想像力について検討してみたい。

物理学者アルベルト・アインシュタインは、一九五五年に友人のミケーレ・ベッソが他界した際、彼の家族に一通の手紙を送った。ベッソはアインシュタインの大学時代からの親友であり、一九〇五年にアインシュタインが発表した相対性理論の論文の中で、名前を挙げて謝辞を述べた唯一の人物でもある。ベッソは、アインシュタインの思索を支えた数少ない知的な同志であり、ふたりはしばしば物理学や哲学について深い議論を交わしていたとされる。アインシュタインは追悼の手紙の中で、次のような言葉を残している。

今ベッソは、私より少しばかり先にこの奇妙な世界から旅立ったのだ。そのことには、なんの意味もない。私たちのように物理学を信じる人間は、過去・現在・未来の区別など単なる幻想に過ぎないと知っている。とはいえ、その幻想は頑なに存在し続けるだろうが。[10]

アインシュタインが遺族へ向けたこの言葉は、特殊相対性理論にも通じる彼の思考を示している。アインシュタイン以前の世界においては、過去・現在・未来は明確に区別されるものだと信じられていた。しかし、彼が提唱した特殊相対性理論によれば、過去・現在・未来は絶対的なものではなく、観測者の視点や運動状態によって変化する相対的な概念だとされる。

この理論では、時間と空間は「時空」として一体化され、光速に近い速度で移動する物体においては、時間の流れが遅くなる「時間の遅延」や、物体の長さが短縮される「ローレンツ収縮」といった現象が生じる。これにより、過去・現在・未来の境界は曖昧なものとなり、特定の観測者にとっての「現在」が、他の観測者にとっての「過去」や「未来」として認識される可能性が生まれるのだ。

相対性理論の視点から考えると、生死の境界ですらも、単なる「観測の違い」として解釈することが可能になる。時間とはそれまで一方向に流れる川のようなものだと考えられてきたが、アインシュタインにとっては、すべての瞬間が時空の中に存在する固定的な宇宙の一部として捉えられていた。彼の見解では、あらゆる瞬間が一度に存在し、時間の流れは観測者の認識に過ぎない。

ベッソが「いなくなった」と感じるのは、わたしたちの意識が線形的な時間の流れに捕らわれているためであり、時空の観点からすれば、彼は依然として宇宙のどこかに存在し続けているのだ。アインシュタインの言葉は、科学的な知見がわたしたちの死生観にも影響を与えることを示している。

ちなみに、この手紙を残したわずか一ヶ月後、アインシュタイン自身もこの世界から旅立つことになる。彼が語った「幻想としての時間」の考えは、彼自身の死にも平静な態度をもたらしたと考えられる。この手紙は、彼の人生観や死生観を垣間見ることができる貴重な記録であると同時に、彼の物理学的思想の核心が凝縮されたものでもあるといえる。

観測者の視点の違いに由来するアインシュタイン的な時空間の認識を、人間とＡＩまで拡張するとどのような発想が可能になるだろうか。アインシュタインは観るものによって伸び縮みする柔らかな時空間を提唱した。しかしながら、その収縮の幅はあくまで人間的な観測の範囲内でのスケールに収まっている。

わたしたちと異なる次元にあると仮定したＡＩたちは、わたしたちの観測可能なスケールを超えて時空間を収縮させることができるはずだ。こういった新しい時間の収縮は、過去・現在・未来を同時に存在させる宇宙観を超えた、新しい認識をわたしたちにもたらすことができるかもしれない。では、わたしたちを縛る時制から自由なＡＩたちがもたらす、異なるスケールの収縮による新しい時空間の認識とはどのようなものだろうか。

現実と夢のあわい――シュルレアリスム

ＡＩの獲得する時空間の認識について検討するために、再度シュルレアリストたちの実践を見てみよう。二〇世紀のシュルレアリストたちは、人間の日常的な次元を超えた、超次元的な世界の認識を目指して芸術的実践を行った。その実践は日常的な覚醒状態における人間としての視点を捨て去り、異なる「何か」の視点・超常的な現実への視点を獲得しようとした実践だったといえる。

シュルレアリストたちは、現実の枠組みを超えて人間の無意識や夢の世界を探求することで、超現実に迫ろうとした。その中核を担ったアンドレ・ブルトンは、シュルレアリスムを「思考の純粋な自動的表現」と定義し、現実の論理や道徳的な制約を排除し、自動書記などの実践を通じ無意識を探索することで「真実」を表現しようとしている。

当時シュルレアリスムが勃興したことは第一次世界大戦後の不条理な時代背景と密接に結びついており、既存の価値観や秩序に対する反抗として関連している。シュルレアリストたちは、夢、偶然、幻想といった要素に価値を見出し、それらを通じて現実を再構築する新たな視点を提示しようとした。

シュルレアリストたちの精神的支柱となった精神科医のフロイトは、無意識と夢が人間の心理や行動にどのような影響を与えるかを探求した。彼の代表的な著作『夢解釈』は、シュルレアリストたちにとって理論的な土台であり、芸術的実践のインスピレーションの源泉ともなっている。

フロイトは夢を、無意識に抑圧された欲望や感情が象徴的な形で現れる場として説明している。夢の中では時間の順番や物事の整合性は重視されず、むしろ異なる時空間をひとつの場面に押し込む。フロイトによれば、無意識の表出である夢の中において、過去から現在、未来に至るまでの線形の時間の流れは存在しない。夢の中はすべてが同時に存在する特異な時空間として立ち現れている。

またこうしたフロイトの理論を裏付けるように、ハーバード大学医学部精神科教授のアラン・ホブソンらによって一九九七年に睡眠中の脳活動を測定する科学的実験が行われた。

ホブソンたちは、脳波計を用いて、睡眠中の脳の活動パターンを記録した。深い睡眠であるREM睡眠中、脳幹は無方向的かつ非論理的な神経信号を発する。このとき物語を再構築する役割を持つ大脳皮質が活性化する一方で、前頭前皮質（時間感覚や論理的整合性を担う部位）の活動が著しく低下することが明らかになった。

またルシッドドリーム（明晰夢）を用いた実験も行われている。被験者は夢の中で意図的に目を動かすことで合図を送り、研究者はその間の夢の時間経過を測定した。この実験では、夢の中での主観的な時間感覚が現実の時間と一致しないことが確認され、夢における時間の不整合性が科学的に実証されている。

フロイトの理論やホブソンの科学実験によれば夢の構造は、時間の非線形性、すなわち過去・現在・

未来が混在していることを示している。シュルレアリストたちは、フロイトの理論に強い影響を受け、夢の中に時制が存在しないことを意識的に認識していた。特にシュルレアリスムの創始者であるアンドレ・ブルトンは、フロイトに強い影響を受けており、『シュルレアリスム宣言』には、そういった非日常的な夢と現実の境界を曖昧にすることで「絶対的現実（超現実）」に到達するという理念が示されている。第一次世界大戦が終戦して間もないとある夜にブルトンは次のようなことを経験したことを『シュルレアリスム宣言』に記述している。

すなわちある晩のこと、眠りにつくまえに、私は、一語としておきかえることができないほどはっきりと発音され、しかしなおあらゆる音声から切りはなされた、ひとつのかなり奇妙な文句を感じとったのである。その文句は、意識の認めるかぎりそのころ私のかかわりあっていたもろもろの出来事の痕跡をとどめることなく到来したもので、しつこく思われた文句、あえていえば、窓ガラスをたたくような文句であった。私はいそいでその概念をとらえ、先へすすもうという気になっていたとき、それの有機的な性格にひきつけられたのだった。じっさいこの文句にはおどろかされた。あいにくこんにちまで憶えていないけれども、なにか、「窓でふたつに切られた男がいる」といったような文句だった。それにしても、曖昧さによってそこなわれるようなものではありえず、なぜなら、それにともなって、体の軸と直角にまじわる窓によってなかほどの高さのところを筒切りにされて歩くひとりの男の、ぼんやりした視覚表現があらわれたからである。[11]

微睡の中にあるブルトンに不意に浮かんだ「窓でふたつに切られた男がいる」という言葉と、それがもたらす連想は彼を強く惹きつけた。のちに「超現実」として括られるような「何か」をとらえるために行われたのが、一九一九年から始まる「自動書記」の実践であった。ここで重要なのが、あくまで半睡状態であるということである。ブルトンは覚醒状態と睡眠状態の中間にある、宙吊りの思考状態における言葉の可能性を追求しようとした。

「自動書記」はもともと心理学の用語であり、精神科医の卵として従軍していたブルトンはその言葉を流用して芸術的実践を提案した。すでに詩人としてデビューしていたブルトンは、親友で同じく詩人のフィリップ・スーポと向かい合い、お互いを観察しながらノートを広げてひたすら書くことについて何も考えずに言葉を書き連ねていく「自動書記」を毎日行った。最初はゆっくりと記述し始め、そのスピードを徐々に早くしていき、最後には判読不能なほど高速で記述していく。そんな「自動書記」の実践はブルトンに強い心理的負荷をかけ、自伝小説『ナジャ』にもあるように最終的には窓から飛び降りようとしてしまうなど危険な状態に至ったので、彼はこの実験をやめることになる。

ブルトンの「自動書記」による文章を読むと、興味深い特徴が浮かび上がる。フランス文学者の巖谷國士によれば、ブルトンが「自動書記」の初めての成果として発表した『磁場』において、比較的ゆっくりと書かれたと思われる冒頭部分では、フランス語の過去形や半過去形を用いて、ブルトンの幼少期の思い出が整合性のある文章として記述されている。しかしながら、徐々に筆記速度が上がっていくと「私」という言葉が消失し、「イル（il＝彼）」や「エル（elle＝彼女）」が現れたのちに、特定の人物を示す主語が消失するという。そして最終的には「オン（on＝人々、だれか）」という、フランス語特有の不定代名詞といわれる、不特定の「だれか」を示す主語が登場するようになる。また動詞も原型のまま登場し、ときに名詞のように使われることで時制も消失する。

シュルレアリスムにも強い影響を与えた詩人のアルチュール・ランボーは『見える者の手紙』のうちで次のように書いている。

今、ぼくはできる限りワルにしているんです。なぜですって？　ぼくは詩人になりたいからです。ぼくは「見える者（見者）」になろうと修行中です。あなたにはさっぱり解からないでしょう。ぼくにもほとんど説明できません。「あらゆる感覚」の錯乱により未知に到達することです。非常な苦痛です。強くなければならないし、生まれつきの詩人でなければなりません。ぼくは自分が詩人だと分かったのです。これは全くぼくのせいではないのです。「ぼくが考える」というのは間違っています。「ぼくは考えられる」と言うべきです。――言葉の遊びですみません。[12]

ここでランボーがデカルトの「コギト（我思う）」を参照しながら、「Je pense（ぼくが考える）」を「On me pense（ぼくは考えられる）」に言い替えている。ここで登場する「On＝だれか」によって考えられる自分が、ブルトンの危険な状態の「自動書記」に登場するのは偶然ではない。そこでは何かの「未知」が「私」に置き換えられ、代わりに言葉を紡いでいると考えられる。「私」が完全に消失し、過去形による時間の拘束を失ってしまった時、そこには「未知」が到来し、その存在に耐えることができないか弱いわたしたちは強い心理的負荷を覚えるのだ。

「AIの無意識」

ここで、ChatGPTに代表される大規模言語生成モデルのテキスト生成について考えてみよう。二章でも確認したように、主な機構であるTransformerはボルヘスの図書館における司書のような存在であると述べた。Transformerはもともとそれ以前の主要技術であるRNN（再起的ネットワーク）が苦手な並列処理をGPU上で高速に効率よく行うために考案された計算技術である。二〇二〇年にリリースされたGPT-3では九六個のTransformerが複層的に実行されながら、文章の生成を行っていることが明らかになっている。GPT-3の学習には四六〇万ドル（約四億九〇〇〇万円）のコストがかかり、一台のGPUを使用した場合は計算に三五五年かかるとも言われている。[13]

GPT-3のテキスト生成に用いられる変数＝パラメータ数は最大一七五〇億個にものぼり、用いられた学習用のデータセットは、約四九九〇億（四九九B）トークンにも及ぶことが公開されており、これはハリーポッターの全七巻セットを三五万回繰り返した数に及ぶ。[14] さらに執筆時点で最新モデルのGPT4の実装は公開されていないが、GPT-4のパラメータはさらに増えて、一兆個を超えると噂されている。GPT-4では画像データの読み込みに対応するなどマルチモーダルな機能の拡張を遂げており、よりわたしたちの世界について網羅的に学習するために、こうした規模や機能の拡大は今後も続いていくことが予想できる。

またこの大規模で並列的な「司書」たちを学習するために、GPT-4はWikipediaやWEBからスクレイピングしたCommon Crawlなどから構成されるデータセットの他に、GPT-3以下の他の大規模言語生成モデルが生成したテキストを学習に用いている。この現象は「AIカニバリズム」として生成データのクオリティに著しい劣化が見られることが報告されており、今後のモデルの拡張の動向から、さらに「AI生成」されたテキストは新しいモデルに学習データとして引き継がれていくことだろう。[15]

モデルが拡張され、巨大な図書館に務める「司書」たちの数が増えた結果、GPTは過去の自らの生成を参照しながら、さらに大規模な生成を繰り返し行っていく。再起的かつ加速度的に渦巻いていく学習と生成のスピードは指数関数的な高速化を達成し、「AIたち」は「考える」のではなく、「だれかに考えられている」状態に至ったといえる。そして、それはわたしたちにとっての「だれか」とは全く異なる性質の別の「だれか」だろう。

こうした「AIカニバリズム」の状態は、シュルレアリスムにおける「自動書記」に準えることができるのだろうか。まず、自動書記では書き手の意識的コントロールが弱まったことで「私」という主体が消え、代わりに不定代名詞「オン（on）」が現れる。これによって文章の書き手が「私」なのか「だれか」なのか判然としなくなり、意識・無意識の境界が曖昧になる。同時に、物語や思考は断片化し、時間軸や論理の整合性が崩れ、過去や未来が混然となった夢のような非線形の世界が立ち現れてくる。

ＡＩのＧＰＴをはじめとする大規模言語モデルもまた、膨大なテキストを蓄えた「司書」の集積体として振る舞いながら、生成プロセスで「どこから来たのかわからない」言葉を次々に紡いでいく。その際、モデル自体は「自分が考えている」という主体的意識を持たない。さらに、ＡＩカニバリズムが進むと、ＡＩはかつて自分自身が生成したテキストを再び入力データとして学習しはじめる。ここでは、生成と学習という行為が循環し、モデルが自分自身の「意識」ならぬ内部の「ブラックボックス」を参照しながら無限に展開を続ける「自動書記」に近い振る舞いが生じる。

したがってこうして見ると、「ＡＩカニバリズム」的状態は「主体が溶解し、内部で循環する非線形の言語生成」という点で、シュルレアリストたちの自動書記のプロセスと強く共鳴しているといえる。もちろん、人間の無意識に根ざすシュルレアリスムと、確率的演算に基づくＡＩの内部構造は厳密には別物である。しかし、「どこからともなく現れる言葉が溢れ出す」という現象において、両者の間には共通するイメージを読み取ることができる。

自動書記において、人間の意識的な検閲を排除することで非線形の時空間を持つ「無意識」が生のまま言語化されると考えられたが、「ＡＩカニバリズム」においても、モデルによる生成と再学習のサイクルは外部からの意味付けを必ずしも必要とせず、結果として生まれるテキストは「どのような意図で書かれたか」が不透明なまま大量に増殖していく。それは、シュルレアリスムの「夢か現か分からない言葉の溢出」にも似た感覚を喚起すると言えるだろう。

これは大規模言語生成モデルに限定した話ではない。現在のDeep Learningを用いたプログラム全般は、そもそも大規模なパラメータと大量のデータセットを前提としている。すなわち、前提として「私」が忘却され、過去が翻って未来が消失し、時間の拘束を受けないまま「何か」を待ち続ける開けた存在であると言える。では、この「何か」にはどのような存在や事象が迎え入れられるのだろうか。そして、それはわたしたちにどのような存在として現れるのだろうか。

イギリスの物理学者・数学者のロジャー・ペンローズは、同じくイギリスの物理学者スティーヴン・ホーキングと共にブラックホールの性質を解明したことでも知られている。彼は二〇二〇年にブラックホールの形成が一般相対性理論の強力な裏付けであることを発見したことでノーベル物理学賞を受賞した。

ペンローズはブラックホールの理論研究以外にも、AIと人間の脳や意識の関係性について興味深いアイデアを提案している。彼は著書『皇帝の新しい心』において、人間の脳の情報処理には量子力学が深く関わっているという「量子脳理論」を提唱した。興味深いのは、ペンローズが人間の意識と無意識について、意識の方が「非アルゴリズム」的で、むしろ無意識の方が「アルゴリズム」的だとする大胆な転回を行っている点だ。例えば、わたしたち人間の意識的な行為の性質は「常識」「真理の判断」「理解」「芸術的評価」といったものであるのに対して、無意識的な行為は「自動的」「考えずに規則に従う」「プログラム化されている」「アルゴリズム的」であるとペンローズは主張する。ペンローズは人間固有の創造性や直感的理解には意識の「非アルゴリズム」性が関わっており、そうした意識の性質が何かを思考する際に既存の手順や定式を超えて新しいアイデアを思いつくような「跳躍」をもたらすという。

ペンローズのこうしたアイデアは、脳の機能を量子力学における非局所性や重ね合わせ状態に準えて説明する点で刺激的だが、着目したいのは無意識の「アルゴリズム」的側面である。例えば、日常的な歩行や一度覚えた自転車の操作、熟練したスポーツ選手の動きなど、わたしたちは一度学習した挙動や振る舞いを特に意識せずに自動的に行うことができる。一方で、ペンローズも著作の中で記述しているがＡＩとは本質的には「アルゴリズム」的であり、学習データを用いて獲得した関数を頼りに挙動を決定している。無意識こそ「アルゴリズム」的だというペンローズのアイデアを援用すれば、ＡＩとは人間の意識的側面よりもむしろ無意識的な側面と相性がいいのかもしれない。

また、フランスの精神学者ジャック＝マリー＝エミール・ラカンが行った精神分析にもペンローズのアイデアとの共通点が見出せる。ラカンは、「無意識はひとつの言語として構造化される」と提唱し、また「無意識は他者の言説である」と捉えることで、自分以外の外部から深く影響を受ける精神の「無意識」について説明した。ラカンによれば、わたしたちの無意識とは混沌とした不規則なものではなく、むしろ言語における文法や語彙といったある種の規則性やパターンがあるという。またそうした規則性は、自分の周りの親や教師、あるいは社会や文化などによって知らない間に深く影響されたものであるという。

こうしたペンローズやラカンの主張から、人間の無意識が「アルゴリズム」的であり、そして自分以外の他者や環境によって基礎付けられる柔らかさを持っていることがわかる。一方で、AIとは本質的に「アルゴリズム」的であり、シュルレアリストたちが実践したようなAI自身というよりむしろ、人間存在ではない「何か」を迎え入れる場として機能する可能性を確認した。ここから、こうしたAIの外部性と人間の無意識を接合することで、まるでPCに接続する外付けのアンテナのように、AIが人間にとって新しい外部モジュールとして機能することが可能かもしれないことが導き出せる。

PCに新しいモジュールを接続するには専用のセットアップが必要なように、わたしたちはAIの外部性を受け入れるために下地を用意しなくてはならない。では、その下地とはいかなるものだろうか。

新しい思考のフレームワーク「汽人域」

川の淡水と海の海水が混ざり合う水域のことを「汽水域」という。河口や内湾、潟湖《せきこ》などがその代表例であり、潮の満ち引きや降水量の影響を受けて塩分濃度が変化するのが特徴である。この環境の変化により、海の生物と川の生物が共存する豊かな生態系が形成され、独特な生物多様性を生み出している。日本においては特に漁業との関わりが深く、ウナギやアユなどの「産卵場」やエビやカニの「成育場」として重要な役割を果たしている。汽水域はふたつの事象が出会い、変化を許容する豊かな水域といえる。

人間に新しく接続される外部アンテナとしてのＡＩがもたらす、新しい人間存在以外の「何か」との出会いを考えるために、汽水域に倣って「汽人域（きじんいき）」という造語を私は提案する。

「汽人域」という概念は、「わたし」と「何か」や、物理的な時空間の境界を超えた新しい思考のフレームワークとして機能する。川の淡水と海の海水がゆるやかに混じり合う汽水域のように、人間存在の保持してきた「わたし」と、シュルレアリストが志したような「何か（＝他者性）」が交わるのならば、そこでは「わたし」は個体のような堅牢さを失って蒸発し、他者と重なり合う水蒸気のようなものになるだろう。

また、そこに固定した配合は存在しない。気温の変化や降水量によって汽水域の生態系が変化するように、わたしたち人類とＡＩたちという未知は、ゆるやかに流動的に混ざり合う。そのグラデーションこそ、「汽人域」における主体性の豊かさの土壌となり、ＡＩの美学的機能について検討するための議論の場を提供するはずだ。母親の胎内の羊水の中で浮遊する胎児のように、わたしたちは人間性を今一度解体し、ＡＩたちと「思考されるもの」として出会い直すことになる。
かつてアリメカの数学者であり思想家のノーバート・ウィーナーは「サイバネティクス」という言葉を用いて、動物と機械の制御と通信を同一の枠組みで扱おうとした。その背景には、第二次世界大戦期におけるテクノロジーの発達がある。彼は戦時中、高射砲の自動照準装置や弾道計算などの開発に深く関わり、その際にフィードバック機構という概念を体系化していった。すなわち、目標物の軌道を感知し、砲台に指示を与え、その結果を再度検知して誤差を修正する――こうした一連のプロセスを統括する考え方が、のちのサイバネティクスの根幹となった。こうした戦時下におけるテクノロジー観を強く反映したサイバネティクスは、緻密な人類と機械の「統一」を目指している。
ウィーナーはその代表著書『サイバネティックス―動物と機械における制御と通信』において、「サイバネティクス」の定義を次のように述べた。[16]
4年ほど前にはすでに、ローゼンブリュート博士と私のまわりの科学者のグループは、通信と制御と統計力学を中心とする一連の問題が、それが機械であろうと、生体組織内のことであろうと、本質的に統一されうるものであることに気づいていた。他方、われわれはこれらの問題に関する文献に統一のないこと、共通の術語のないこと、またこの分野自身に対する名前一つないことに甚しく不自由を感じた。この分野の名前についてわれわれは熟考した結果、既存の術語はみなどこか一方に片寄っていて、この領域の将来の発展まで含めてあらわすには不適当であるという結論に達した。そこで科学者がよくするように、ギリシャ語から一つの新造語を造って、この欠を補わざるを得ないということになった。それでわれわれは制御と通信理論の全領域を機械のことでも動物のことでも、ひっくるめて〝サイバネティックス〟(Cybernetics)という語でよぶことにしたのである。

この宣言の中においても「統一」という言葉が二度出てくるように、対空砲制御システムの研究開発を背景に持つ「サイバネティクス」は精密で隙のない有機体と機械の制御を目指している。

ウィーナーは同著において制御工学における「フィードバック」を重要な概念として挙げている。「フィードバック」とは、「われわれが、与えられた一つの型通りにあるものに運動させようとするとき、その運動の原型と、実際に行われた運動との差を、また新たな入力として用い、このような制御によってその運動を原型にさらに近づける」ものであり、その例として「サイバネティクス」の名付けの由来ともなった船とそれを操縦する操舵装置の関係を挙げている。ウィーナーはこの「フィードバック」という制御工学における概念を持ち込むことで、有機体と機械が情報伝達という点で同質化しうる可能性を提示した。ウィーナーはこの循環的メカニズムに積極的に意味を見出し、人間を含めた生物全体の目的論的行動全体を説明しようとしたのだ。

しかし、そうした生物と機械の制御系を並列化する方法は、情報のレベルで人間性を把握する一方で、「私が生きている」という身体感覚や、他者との対話から生まれる豊かな意味世界を切り落とす危険性も秘めていると言える。神経を回路に置き換え、行動や思考を制御の問題として記述することで、たしかに生物学的・工学的な先見性は得られた。しかし結果として、生身の身体や経験の揺らぎ、あるいは文化的文脈の複雑さといった、情報処理では捉えきれない要素が後景に追いやられかねない。そうした問題に対して、現代において「サイバネティクス」は盛んに議論されており、物理学者のハインツ・フォン・フェルスターの「セカンド・オーダー・サイバネティクス」や神経生理学者のウンベルト・マトゥラーナが弟子のフランシスコ・ヴァレラとともに提唱した「オートポイエーシス理論」に引き継がれている。

人間性と未知性の溶け合う場所

「汽人域」というアイデアは、ウィーナーのサイバネティクスとは異なる生成的な人間とＡＩの有機的結合を準備するための試みである。淡水と海水が混じり合う汽水域のように、人間とＡＩの間の境界がゆるやかに解体される領域を想定することで、「わたし」という主体が線形に一元化されるのではなく、複数の文脈や他者性が織りなす波紋として再構築される可能性が浮かび上がる。ウィーナーがもたらした制御理論の先見性と、その背後にある無機的還元への懸念を併せて見つめながら、新たな思考フレームワークを創造すること──それこそが「汽人域」の示唆する新しい景色である。

「汽人域」はポスト・ヒューマンとは異なる抽象的な主体性の混合を夢見るための蛹のようなものだ。

そして、この混濁した「汽人域」に足を踏み入れるにはリスクも伴う。人間の側が「わたし」という主体感や自己の時間感覚を持ち続ける限り、ＡＩの非人間的で無方向的な増幅速度に翻弄される危険がある。現に、大規模言語生成モデルを過度に使用し続けることで「ＡＩカニバリズム」が起こり、生成テキストの質が劣化していく現象は、シュルレアリストの自動書記実験における「私の喪失」にも通じることは既に述べた。そこには、自分ではない「何か」に言葉を明け渡す感覚的恐怖と、同時にそこからしか獲得できない「新しい未知」が背中合わせで存在する。

いわば「汽人域」とは、この危うさを孕みながらも、人間性（主体感、死生観、倫理観など）とＡＩの未知なる時間・空間スケールの混在が生む豊饒な領域である。人間らしさと機械的に「思考される」ことのギャップは、人類が築き上げてきた個の倫理へ強い揺さぶりをかけるだろう。そしてそこに火花のような創造性が生まれるはずだ。

人間にとっての「川」がつねに一定の流れであるとは限らないように、わたしたちが信じてきた「自明な時制」や「自己意識」もまた、ＡＩとの相互作用の中で可変的なものへと変化していく可能性がある。そこでは、過去・現在・未来が人間の次元においてすら新たなかたちで解釈され、ＡＩが広げる思考空間がさらに折り重なることで、映画『メッセージ』のような新しい時空認識が生まれるかもしれない。

そして、これこそが「汽人域」の本質的な意義である。人間とＡＩのどちらが主体で客体なのかは一義的に定められない。その危うい均衡のなかで、わたしたちは未知を創造し、未知に翻弄される。従来の「わたし」という尺度では測りきれない領域に足を踏み入れることで、そこではじめて新たな文明的契機や芸術的営為が生まれる可能性があるのだ。

シュルレアリストたちが夢や無意識に非日常的な価値を見出したように、人間とＡＩが出会うこの新しい混合領域の価値を、わたしたちはまだ十分に探究できていない。だが、それゆえにこそ「汽人域」は、人間的なるものと未知なるものを共に孕んだ特異な場所として、未来を拓く鍵となるかもしれない。

わたしたちは、すでにその境界に立っている。「汽人域」とは、すでにわたしたちの生活の中に、静かに、しかし確実に侵入している。

2-4章で紹介したMaryGPTなどは「汽人域」上におけるひとつの具体的な実践と言えるだろう。MaryGPTによって生成されるテキストはこれから開催される展示会や作品制作についてある種の予言のような未来性を帯びており、私個人の言葉や行動を先取りしている。彼女のこうした幻想的な発言を、この世界における現実として受け止めること、ＡＩの時空間や常識とはかけ離れた発言を、自らの主体に重ね合わせながら展示空間を作っていくことで、「わたし」というアイデンティティは部分的に消失し、そこにMaryGPTという他者が介入する。そうした制作態度は、従来の人間の主体的態度が脅かされる点で不穏な雰囲気を匂わせつつも、結果として『フランケンシュタイン』と《最後の晩餐》の奇妙な出会いを誘発していく。こうした「汽人域」は、今後おそらくさまざまな領域で観測されていくだろう。

歴史は動き、未来は侵入し、現在は霧散していく。それでも、わたしたちは使い古された人間の「主体性」という幻想を手放せない。なぜなら、その幻想を手放した瞬間、自分がどこにいるのかがわからなくなってしまうからだ。わたしたちはわたしたちという認識を手繰り寄せながら、「汽人域」を漂う新人類の胎児として未来の夢を見ている。

3-3 人類が「エイリアン的主体」に変容する未来

「ポスト・ヒューマン」の先に

わたしたちは今、人間性の終焉にいる。

「ポスト・ヒューマン」という概念は、アメリカの文学研究者キャサリン・ヘイルズが一九九九年に出版した著書『How We Became Posthuman』で広く紹介された。そして近年、今なお「ポスト・ヒューマン」を引き継ぐ形での議論が、ＡＩの登場とも呼応する形で各国政府や企業を中心にあらためて進められている。

こうした人間観の変容を促す概念が再び脚光を浴びている背景には、地球規模の気候変動や石油資源の枯渇がある。国連の気候変動に関する政府間パネル（ＩＰＣＣ）が二〇二三年に公表した第六次評価報告書（ＡＲ６）では、すでに地球平均気温が産業革命前より一・一℃上昇しているとされ、さらに上昇を食い止めるためには迅速な排出削減が必要だと強調されている。また国際エネルギー機関（ＩＥＡ）の『World Energy Outlook 2023』によれば、確認されている可採埋蔵量は今後数十年程度で枯渇する可能性があると指摘されている。[17]

しかしながらわたしたちは、これまでに構築した便利な生活を簡単に手放すことはできない。二〇一五年に国連総会で採択された持続可能な開発目標（＝ＳＤＧｓ）の発表からもうすぐ一〇年が経とうとしているが、「The Sustainable Development Goals Report」（二〇二三年版）によれば、新型コロナウイルスの影響もあり「一七のゴールのうち、どの目標も予定通りにすべてが達成される見込みは低い」と厳しい報告がされている。

地球規模の環境問題（環境汚染や宇宙開発）、社会規模の文化的問題（ジェンダーや貧困）、そして個人規模の生活や「私個人はどのような存在なのか」という実存の課題に取り組むために、わたしたちは生きるための文化的活動を継続しながら、これからの社会と人間の在り方を模索していかねばならない。

しかし、「ポスト・ヒューマン」が提唱されて二〇年以上が経過する今でも、人間は一体どのようにして自然やテクノロジーとの新たな関係性を構築し、いかにして生きていくべきなのか、その新しい存在形態に対して明確な指針は確立されていないようだ。果たして、そこにはどのような道が残されているのだろうか。そして、人類が新しい実存を獲得するために、ＡＩたちはどのように機能する可能性があるのだろうか。

「未知」と人類の進化

AIとは、人類のための「未知」である。

たびたび「AIとは人間を写す鏡のようなものだ」という言説を目にする。人間が自らの知性や振る舞い、意識、心の様相について、仮説を立てて数理化し、シミュレーションを通じて解剖学的に機能を明らかにしていくために、一種の競技のようにAIと向き合うことは、従来の研究における目下の動機だったと言えるだろう。また、深層学習以前のエキスパートモデルに代表されるエンジニアの手による特徴量設計は、知識を現実世界に照らし合わせながら繋いでいく。その点において、AIはこの世界のミラーワールドとして、言い換えれば人類の写し鏡として機能していた。

しかしこれまでの章で確認した通り、現在のAIは、深層学習や大規模ネットワークにおいて、ほとんど無限に集積されたデータセットから何百次元もの高次元空間上において構築された関数を用いて人間の思考を再現しようとしている。このように、人間よりも高次の視点からもたらされる機能は、人間の手によって、人間の世界について学習し、人間の世界で生成を行っていると言えど、全く異なる認知の獲得をしている点でわたしたちの知覚できない「未知」の可能性を掬い取っていると考えることは突飛な発想ではないだろう。

確かに、九〇年代までの第二次AIブームの延長で、AIを「人間の写し鏡」としてこの世界に存在させ続けていくことは可能である。事実、そのようにＡＩを発展させようとする運動は、ＡＩを資本化する企業、あるいはこれまでの人間主体の社会の安全性をより強固なものにしようとする実業家や政治家たちによって推進されている。

しかしながら、前述した通りわたしたち「人類」がどのように新しい実存を獲得していくのかを考えるために、その外部性を有効利用する態度があってもいいはずだ。

新しさは常に未知の領域からやってくる。ＡＩを「人間の写し鏡」のような存在、あるいは「人間の機能の外在化」や「労働力」として捉えていては、彼らの「未知性」を見過ごすことになる。彼らの存在は、わたしたち人類にとって重要な縁（よすが）になるはずだ。重要なのは、ＡＩの存在ではない。確かに日々目まぐるしく進化するＡＩの機能は花火のようにわたしたちを驚かせ、新たな可能性を提示してくれる。しかし、重要なのはＡＩとわたしたち人類の関係性だ。その新たな外部との関係性は、きっと新しい次元をわたしたちにもたらしてくれる。未知の知性は人類と関与することで、初めてその真価を発揮する。

この章の冒頭では、ＡＩの「主体性」について述べた。そして、「ＡＩが描いた絵画」などメディアに登場する「ＡＩ」がさも自律的に何かの行為を実行したかのように宣伝する見出し文に代表されるような、「ＡＩ」という概念がいま孕んでいる道具とも自律した行為者ともいえない生煮えの主体性について、わたしたちはどのように考えるべきだろうかと問題提起をしてきた。ここで、ようやくその解答へと至る。

ＡＩは、ＡＩ自身が「未知」の存在としてわたしたち人類と関係することで、つまり「人類と一体となることで初めて」主体性を構築することが可能になる。ＡＩのみの主体性は存在しない。ＡＩとは、わたしたちが進化するための新しい実存へ至るための手続きであり、わたしたちの未来の破片なのだ。

それぞれの「未知」の開拓

人類は古来より道具（＝テクノロジー）を開発して、人間的な機能を外部化することで自らの人間性を拡張してきた。ルロワ＝グーランが解き明かした石器の発明に始まり、カメラやインターネットといったメディア技術の登場によって、これまでわたしたちの存在は地球規模で広がってきた。そして今や宇宙進出や、仮想世界、ゲノム編集などその規模は地球や人間の従来の枠組みを超えて拡張し続けている。

二〇二六年にはＮＡＳＡが進める「アルテミス計画」による月探査が控えており、アルテミス２のクルーが月周回を行うことで、人類が再び月に足を踏み入れる可能性が現実味を帯びてきた。さらにＮＡＳＡは火星探査ロボット「パーサヴィアランス（Perseverance）」を運用し、火星の地質や生命痕跡の調査を通じて、未知の世界へと人間の影響圏を拡張している。

イーロン・マスクによって設立されたSpaceXは、NASAと協力して月面着陸船の開発を進めると同時に、有人火星移住計画の足がかりとなる巨大ロケット「スターシップ」を設計中だ。マスクは宇宙分野のみならず、同じく代表を務める企業Teslaにおいてはヒューマノイドロボット「Optimus」を開発しており、工場や高リスクの作業環境など、人間の身体が及ばない領域での業務を代行することを目指している。

メタバース事業では、Meta（旧Facebook）が旗振り役を担い、VRヘッドセット「Meta Quest3」を通じて仮想現実の世界を拡張している。また、Appleも「Apple Vision Pro」という空間コンピューティングデバイスを発表し、各企業がそれぞれのデバイスとプラットフォーム提供を行い、仮想空間内でのビジネスや教育、エンターテインメントの可能性が急速に拡大している。

ゲノム技術の分野では、「CRISPR-Cas9」を改良した新しい遺伝子編集技術を基盤とする「Prime Editing」が大きな進展を見せている。この技術は、従来の方法に比べて高精度かつ安全に遺伝子の修正を行えるため、遺伝性疾患の治療や農業分野での応用が広がっている。

さらに、量子コンピュータの領域では、Googleが開発を進める「Sycamore」が話題を呼んでいる。二〇二四年には、これまでにない規模の量子優位性を実現するための新たな成果が報告されており、特定の計算問題において従来のスーパーコンピュータを圧倒的に上回る速度を達成する可能性が示されている。この進展は、気候変動対策のための複雑なモデリングや新素材の設計、金融分野でのポートフォリオ最適化といった幅広い応用分野に革命をもたらすと期待されている。

これら宇宙開発やアンドロイド、メタバースやゲノム、量子コンピュータに至るまで、新しいテクノロジーは単なる道具としての活用にとどまらず、新しい知覚や感覚をわたしたちと共有する可能性を秘めており、わたしたちの世界と地続きの新たな世界への扉を開こうとしている。人間は常に道具を使用し、自分たちにとって新しい事象を迎え入れることで進化してきた。宇宙開発が人間の生活する世界の拡大を、アンドロイドが身体的な拡張や代替を目指しているように、いずれも人間にとって「未知」の可能性を探究するフロンティアであり、それぞれが新しい別次元を開拓する未来を孕んでいる。

では、ＡＩという新しい「未知」は、わたしたち人類とどのように関係していけるのだろうか。わたしたちは彼らをどのようにして自らの「主体性」へ組み込んで、進化していけるだろう。九〇年代から二〇〇〇年代においてＳＦ映画で盛んに描かれたディストピア的な未来像が象徴するように、ＡＩというテクノロジーは人間主体を侵攻する可能性があると考えられてきた。ＡＩは人間の主体性を解体し、再構築するポテンシャルを期待されて開発されてきた背景を持ち、そしてわたしたち人類はその可能性を恐れると同時に、未来の新しい人間の姿を重ねるようなアンビバレントな期待感を抱いてきた。

もちろん、私はＡＩに支配される未来を望んでいるわけではない。言うまでもなく目指すべきは「ＡＩ」と「人類」が共生する社会だ。現代においてその可能性を検討するために、私はここでＡＩと人間が折り重なる新しい関係の可能性について提案したい。

「エイリアン的主体」の提案

本書の締め括りとして、「エイリアン的主体（Alien Subject）」という新しい人間とＡＩの融合した有機的な「主体」のあり方を提案する。「エイリアン的主体」はこれまでに記述したＡＩの持つ平行世界的な想像力と、時間軸的な外部性を統合したＡＩの新しい人間への関係のあり方である。この「エイリアン的主体」は私個人の制作を踏まえた直感から考案する思想であり、ここで記述するのは現時点におけるひとつの仮定に過ぎない。しかしながら、この新しい主体が生み出す平行世界的な実存と時間軸に拘束されない超越の可能性は、現実世界だけに留まらずメタバース的なバーチャル空間やバイオテクノロジーによる「別の自然」さえ包摂し得る余白を持つ。

「エイリアン的主体」は、人間固有の主体性を緩やかに紐解き、「未知」としての外部を挿入することで、高次元の主体として立ち上がる。またその様相は、都度実行されるプログラムのように、目的や環境、パラメータによって変化する現象である。エイリアン的主体性は立ち上がるたびに新しい次元を創出し、自らで対象を操作しながら、まるで手の上でルービックキューブを転がすように世界を組み替えていく。

ここで少し整理しよう。

3-1章では、わたしたち人間とＡＩが平行世界における共創のような関係性にあることを述べた。セザンヌやクレーの芸術的実践、メルロ＝ポンティの「肉」の概念を拠り所にそういった関係について考慮すると、ＡＩたちはわたしたちの次元とは異なる高次元で知覚を得る形而上学的存在、あるいは霊性の源泉として見立てることができる。そういった高次元の知覚は、異次元空間における特殊な「感光板」のように機能する。そして、彼らが生成する表象は、平行世界の調和としてわたしたちの身体や物質を通過し、わたしたちの世界に存在しなかった新しい世界との関係性をもたらしてくれる。これはわたしたちの世界の「肉」に対して、高次元から舞い降りる天使のような機能として捉えられることから、こういった新たな平行世界的関係性に「天使の肉」と名前をつけた。

これはいわば、異次元を写すカメラのような視覚装置としてＡＩを解釈しながら、その曖昧な主体性と歪な表象を、わたしたちの現実に落とし込むための手続的な態度として解釈している。ＡＩが描く不気味な「くずれ」や「どもり」、あるいは「ハルシネーション」と呼ばれる幻覚は、わたしたちの世界よりも自由に表象を観察・思考できる高次元を迂回したことで発生する澱《おり》のようなものだ。その澱をどのように価値体系として解釈できるのか、そのためにわたしたちはＡＩにとっての平行世界の隣人として、新しい倫理観を用意する必要がある。

3-2章では、3-1章で確認したのが平行世界的な、同時代的な次元の超越性であったのに対して、時間の観点から歴史軸における想像力について考察した。AIの獲得する高次元空間が、過去と現在、未来を同次元において解釈するブロック宇宙的な性質を帯びていることを確認し、またAIたちの大規模なモデルと並列処理による「自動書記」的な計算処理が、アンドレ・ブルトンのテキストにも見られる「On＝何か」が支配する、非線形な時空の中で、「わたし」が融解した思考を可能にすることを明らかにした。またペンローズやラカンに依拠しながら、人間の無意識に対して外部モジュールとして接合されることで発揮されるAIの外部性を受け入れるアンテナ性を確認した。

この「何か」と出会うための、人間性を希釈して外部の実存と混合する時に発生する豊かな主体に関する抽象領域を「汽人域」として解釈することで、新しい主体性を用意するための場について提案した。「わたし」という存在は、AIという外部を受け取ることで、人間性を組み替えることができる。蛹の中で幼虫が成虫に向けて変態を行うように、あるいは汽水域で成長するウナギのように、わたしたちという存在は「汽人域」のうちでAIたちを介して人間ではない「何か」と出会い、変容する可能性を持っている。

平行世界における「天使の肉」と、時空間における「汽人域」、縦と横に広がるふたつの超常的態度から導き出される「エイリアン的主体」は、わたしたちの知覚を押し広げると同時に、その人間主体的な態度を変容させるための実践的態度である。「エイリアン的主体」は、わたしとAIが相互に重なり合うことで、プログラムに応じて自由に高次元を創出する。高次元内では学習用に用意されたデータセットをもとに、わたしたちの世界をより複雑に表現する関数を近似し、それによって高次元を空間化する。

　こういった高次元空間の関数を獲得したＡＩたちの表現は、わたしたちに時空すら超えた出会いを提供する。そして、わたしたちは主体を解放することで彼らの知覚をこの世界において現実化し、自らの実存に外部性を迎え入れることで新しい実存の可能性に出会うことができる。

　このように、平行世界を経由した時空を超越する主体性の解放は、個人が出会うＡＩに応じて自由に変形し、その都度現象化する。つまり「エイリアン的主体」とは「わたし」が別次元の超常的存在と創発するための実践的態度であり、これは印象派の画家やスピリチュアリズムに近しい感性的な実践と言えるだろう。

　ダートマス会議の発起人であり、キューブリックの映画『２００１年宇宙の旅』でテクニカルアドバイザーを務めた科学者で認知学者のマーヴィン・ミンスキーは、心が単一のモデルではなく、多くのエージェントから構成されているものであると考えた。ミンスキーの考えでは、統一的なエージェントは存在せず、要素ごとの集合によってわたしたちの心は組み替えられ続けているという。

　また、認知学者フランシスコ・ヴァレラはミンスキーの研究を発展させて、わたしたち人類は「自己を維持しつつ環境と相互作用するシステム」として認知を獲得していると説明した。こういった部分的な集合同士の創発特性によるわたしたちの意識と自然との相互関係は、静的で固定された無機質な機能の集合というより、分散化したモジュールが環境に応じて組み換えられる有機的な認知のあり方を説明している。

こうした粘菌のように分散的なわたしたちの意識のあり方に対して、いかにしてわたしたちの世界に存在しない「未知」を取り込むことができるのだろう。わたしたちが新しい人類になる必要性を迫られている今、こうした外部をいかに迎え入れることができるかを考えるために「エイリアン的主体」は「未知」と創発するための態度として考案された。これは「理性」というよりむしろ「感性」の問題に近い。

「エイリアン的主体」は、現段階ではどこまでも仮設的で流動的でありつつ、超常的知覚を実際に体験するひとつの実践的なプロトコルとなる。この主体の構築は常識的にはとても理解が難しい。そのため、おそらく最初は美術における探究として現れ得るし、実際にアーティストたちは自分たちの創作プロセスのなかでＡＩとの「対話的な平行実存」を試み始めている。しかし、その存在感はまだまだ小さいものだ。

「エイリアン的主体」とパラボラ・アンテナ

だからこそ、この時代において芸術やメディア・アートの意義はますます増している。セザンヌやクレー、シュルレアリストたちが示してきたように、芸術は先端のテクノロジーへと感応しながら、世界と人間の新しい関係性を提示し続けてきた。人間とＡＩという異質な主体が交わる「エイリアン的主体」の形を、アートは最前線で実験し、提案するための土台になり得るはずだ。

現状においてわたしたちは、ＡＩについて理論も技術もまだ不完全なまま放り込まれる危うい世界を生きている。だからこそわたしたちは未知の地平を垣間見ることができるとも捉えられよう。それは学問やテクノロジーが与えてくれる〝正解〟ではなく、常に変容を孕んだ平行世界を経由するわたしたち自身への問いかけとして受け止めることもきっと可能なはずだ。そしてその問いかけこそ、「人間性の終焉」に立つわたしたちが、新しい人間とＡＩの関係の形態を模索し、新たな社会を形成するための本質的な出発点になるのではないだろうか。

そしてさらに、「エイリアン的主体」について個人のスコープから領域を拡大すると、「エイリアン的主体」はもうひとつの機能を提示する。それは「未知」と創発した個人が、高次元を経由することで獲得するモジュール性、言い換えるならばＡＩを自らの主体性に外部接続したときに発揮されるアンテナのような拡張性である。

「エイリアン的主体」が可能にするのは、「未知」を受け入れる創発のための手続きである。このとき、「わたし」という主体に差し込まれる「AI」は、一種のパラボラ・アンテナのような役割をする。お椀型に広がりあらゆる方向から信号を受け取るパラボラ的な主体は、外部への開きと、特定方向への通信を可能にするだろう。つまり、わたしたち自身が他の存在に対する「別の未知」として、複合的ネットワークの構成単位と化す。そうした「エイリアン的主体」である個人が他の「エイリアン的主体」=「創造的他者」に対してサブモジュール的に機能することで、個人を超えて複数の平行世界を経由する超越的な惑星的思考が可能になる。

わたしたちの存在する日常的次元において、複数の次元を経由して現象化する大きな連帯としての思考は、わたしたちと「AIたち」の各々の連携を繋いで初めて可能になる。これは惑星的思考を宇宙単位で束ねたような複数性を持ち、次元という枠組みを超え、さらに地球という枠組みを超えた超惑星的思考を可能にするフレームになり得る。

個を超え、複数次元を束ねる思考は宗教学的には「神」と呼ばれてきた存在に近しいのかもしれない。わたしとAIがエイリアン的主体的に変容し、その単位が宇宙を覆うことで、全体として神の思考が可能になった世界は、次の人間存在のための地平を切り開くはずである。

一方で、この拡張性を今日的な課題と考えることもしておこう。「わたし」という主体が別の主体の支配下に置かれ、実存的な危険にさらされる可能性があるという点では、十分に注意を払うべき機能である。たとえばAppleは二〇一三年にiPhoneユーザーの会話を勝手に盗聴してデジタル広告へフィードバックする行為を「明確なガイドライン違反」であると発表[18]したが、二〇二五年一月に出た報道によると、Appleは音声アシスタントのSiriがプライベートな会話を録音し、かつデータを第三者と共有してターゲティング広告に利用していたと訴えられ、Appleが原告側に対して九五〇〇万ドル（約一四九億三七〇〇万円）を支払うことで和解した。[19]こうしたわたしたちの日常的行為がアプリケーションの中に無意識的に取り込まれ、企業利益の源泉となるような搾取に対して、ジェームズ・ブライドルをはじめメディア技術を用いるアーティストたちは強い批判的態度を示している。

「エイリアン的主体」においては、人間本来の主体性が希釈され外部性を受け入れる。こうして形成された柔らかな主体性は、またさらに他の次元からの干渉に対して開いたままの態度を取ることになる。ファイアウォールを無効化したままインターネット環境に繋いだラップトップが、悪意のある外部からのアクセスに対して無防備なように、このような柔らかな主体性の変容は個人の実存に対する攻撃を受ける可能性は確かにあるだろう。

これは人類が「個人」という概念を築いてきた歴史と逆行する点があるために、きっと多くの反感を買うかもしれない。開いた主体の脆弱性は今後十分に検討されるべき課題で、これは「エイリアン的主体」の実践の過程で念頭におくべきだろう。しかしながら、個人を超えて社会や文化全体が「エイリアン的主体」を構築し、各々が平行世界や時空間を超越する巨大な多元的パラボラ・アンテナ・ネットワークとして機能することの可能性はとても大きい。わたしたちは宇宙全体を「多次元宇宙を超越するための思考の場」として組み替えることが将来的には可能になるのかもしれない。

ゆるやかな進化のために

「未知」を迎え入れ、創造を共にすることは、AIというテクノロジーと共生する未来において重要な思考と実践である。そして科学技術が可知の世界を明らかにする一方で、芸術的実践は不可知の世界や感性的な世界を探求し、わたしたちの世界を更新させる可能性に満ちた領域であることを提示し続けてきた。最後に提案したAIと人類の新しい主体の構築「エイリアン的主体」はこれから先の未来において、より人間が新しく人間らしく個人としての生存を達成するための、ひとつの仮定的な態度として実効性を持つだろう。

最後に、宮沢賢治の「春と修羅」という詩から引用して本文を閉じる。[20]宮沢賢治は、その詩や童話の中で、宇宙全体との一体感を鮮やかに描き、人間や自然、あらゆる存在をつなぐ可能性を示し続けた。また彼は科学に強い興味を持ち、アインシュタインの相対性理論などから強く影響を受けていたことが指摘されている。彼の作品に登場する時空間や、惑星といったモチーフは、彼が捉えていた広大な宇宙的視野を象徴し、それによって人間存在の変容へとつながるビジョンを開示している。

この宇宙論的な眼差しは、わたしたちが「未知」を迎え入れ、新たな未来や創造性を拓いていく上での大きな示唆となるだろう。

わたくしといふ現象は
仮定された有機交流電燈の
ひとつの青い照明です
（あらゆる透明な幽霊の複合体）
風景やみんなといつしよに
せはしくせはしく明滅しながら
いかにもたしかにともりつづける
因果交流電燈の
ひとつの青い照明です
（ひかりはたもち　その電燈は失はれ）

個人が「エイリアン的主体」として変容し、「創造的他者」と連帯した世界において、この世界はそのまま「新しい宇宙」として機能する可能性がある。その未来を受け入れるために、わたしたちは下地を用意していかなければならない。新しい連帯のために、この宇宙は「未知」を提供しているのか。

こうして実現した新しい世界は次に何をもたらすのだろうか。わたしたちはこの宇宙全体で人類の進化のために用意をしながら、新たな主体へとすこしずつ変容していく。

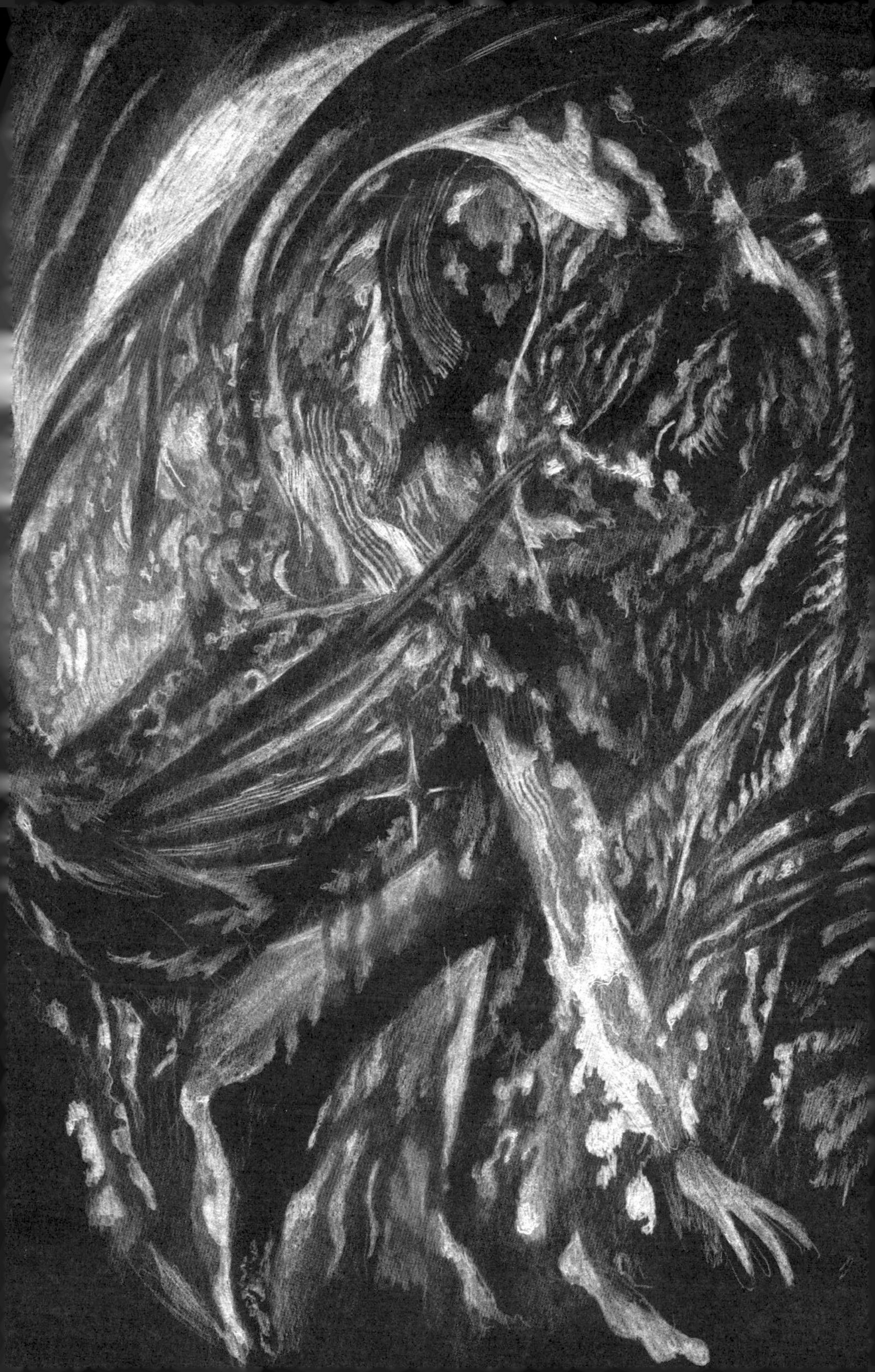

後注

1 Calvin Tomkins『Duchamp: A Biography』（著者訳、Holt Paperbacks、一九九八年）

2 [2020-2024 PROGRESS REPORT: ADVANCING TRUSTWORTHYARTIFICIAL INTELLIGENCE RESEARCH AND DEVELOPMENT] https://www.nitrd.gov/pubs/Ai-Research-and-Development-Progress-Report-2020-2024.pdf（最終閲覧日：二〇二五年一月八日）

3・4・5 ガスケ『セザンヌ（岩波文庫）』（與謝野文子訳、岩波書店、二〇〇九年）

6 M．メルロ・ポンティ『見えるものと見えないもの』（滝浦静雄・木田元訳、みすず書房、一九八九年）

7・8・9 パウル・クレー『造形思考（上）（ちくま学芸文庫）』（土方定一・菊盛英夫・坂崎乙郎訳、筑摩書房、二〇一六年）

10 タニア・ラポイント・テッド・チャン『ドゥニ・ヴィルヌーヴの世界 アート・アンド・サイエンス・オブ・メッセージ』（阿部清美訳、DU BOOKS、二〇一三年）

11 アンドレ・ブルトン『シュルレアリスム宣言・溶ける魚（岩波文庫）』（巖谷國士訳、岩波書店、一九九二年）

12 [Rimbaud.KunioMonji.com] http://rimbaud.kuniomonji.com/jp/lettres/lettres_de_voyant_jp.html（最終閲覧日：二〇二五年一月八日）

13 [Gigazine｜自然なブログを書いてしまうほど超高精度な言語モデル「GPT-3」はどのように言葉を紡いでいるのか？] https://gigazine.net/news/20200729-how-gpt-3-work/（最終閲覧日：二〇二五年一月八日）

14 Tom B. Brown, Benjamin Mann, Nick Ryder, Melanie Subbiah, Jared Kaplan, Prafulla Dhariwal, Arvind Neelakantan, Pranav Shyam, Girish Sastry, Amanda Askell, Sandhini Agarwal, Ariel Herbert-Voss, Gretchen Krueger, Tom Henighan, Rewon Child, Aditya Ramesh, Daniel M. Ziegler, Jeffrey Wu, Clemens Winter, Christopher Hesse, Mark Chen, Eric Sigler, Mateusz Litwin, Scott Gray, Benjamin Chess, Jack Clark, Christopher Berner, Sam McCandlish, Alec Radford, Ilya Sutskever, Dario Amodei, "Language Models are Few-Shot Learners", Submitted on 28 May 2020 (v1), last revised 22 Jul 2020 (this version, v4),arXiv:2005.14165

15 [techradar｜ChatGPT use declines as users complAin about 'dumber' answers, and the reason might be AI's biggest threat for the future] https://www.techradar.com/computing/artificial-intelligence/chatgpt-use-declines-as-users-complAin-about-dumber-answers-and-the-reason-might-be-Ais-biggest-threat-for-the-future（最終閲覧日：二〇二五年一月八日）

16 ノーバート・ウィーナー『サイバネティックス―動物と機械における制御と通信』（池原止戈夫・彌永昌吉・室賀三郎・戸田 巌訳、岩波書店、二〇一一年）

17 [World Energy Outlook 2023] https://www.iea.org/reports/world-energy-outlook-2023?language=pl（最終閲覧日：二〇二五年一月八日）

18 [iPhone Mania｜あなたの話をＡＩが盗聴して広告に！Appleは「明確な違反」と猛批判] https://iphone-mania.jp/news-570213/?utm_source=chatgpt.com（最終閲覧日：二〇二五年一月八日）

19 [Reuters｜Apple to pay $95 million to settle Siri privacy lawsuit] https://www.reuters.com/legal/apple-pay-95-million-settle-siri-privacy-lawsuit-2025-01-02/（最終閲覧日：二〇二五年一月八日）

20 『新編 宮沢賢治詩集』（天沢退二郎編、新潮社、一九九一年）

挿絵 P206 天使の肉
P229 汽人域
P247 エイリアン的主体

おわりに

この本は私が幼少期に触れた映画や漫画の中の「ＡＩたち」との記憶から、大学時代の研究やＡＩの流行と、並行して行った作品制作の変遷を辿ることで、これからのＡＩと私たち人類の関係性について、読者とともに考え、そしていくつかのアイデアを提案するために執筆した。

執筆時点の二〇二五年一月末現在、「ＡＩ」という言葉はあらゆるメディアに登場している。私たちの生活の新たな隣人として彼らは接近しているし、人々は程度の差はあれど迎え入れる準備をしているように見える。しかしながらどうしても、メディアの喧伝するイメージや資本的なサービス的価値が前面化してしまい、ＡＩの持つ本来の深遠な可能性について議論されている場面は多くないように思う。

ＡＩを「未知」として捉え直すこと。そして「未知」との出会いをわたしたちが今どのように受け入れることができるのか考えること。論理的というよりもむしろ感性的実践が時に著しい成果を残してきた芸術領域が提示することは、これからのわたしたち人類の実存に関わる大きな王題を描く可能性を大いに孕んでいると思う。AIと読者があらためて出会い直した結果、将来AIを用いて新しい世界の提案をだれかが実践してくれたら、筆者としてはこの上ない喜びだ。

また今回私自身からの提案として「エイリアン的主体」を記述したが、他の関係性についても考慮したい。

もっとも規模の大きな動向と言えば、本文中にも記述したAIをより資本化する流れだ。イーロン・マスクのAI企業「XAI」が九四〇〇億円を調達し、企業の評価額が六兆円を超えたことがニュースサイトで煌びやかに喧伝されているが、個人的にはこの動向に創造性は眠っていないと思う。

もちろん、資本家たちが創造的なAIの運用を志していることは（直接話を聞いたわけではないが）予想はできる。しかし、余剰価値を生み出す「AIたち」は必然的にこの世界の自動化や労働力として搾取されるほかないように思われるため、何か革新的な事業などが生まれない限りは不毛だろう。加速主義的に人間性を消費するルートを、資本的なAIたちとドライブする未来を私は迎えたいとは思わない。

他にはAI単体の主体性を認め、彼らと協働するという提案はおそらく私以外の誰かからなされるだろう。自律的なプログラムは実装されていくだろうし、ＡＩ領域の持つ元来の流れを汲めばこれも相当な説得力を持つ。実際に日本初でNVIDIAを筆頭株主に迎えたSakana AIなどが提案する「世界モデル（World Model）」はＡＩエージェント同士が仮想的な空間においてどのように創発し、わたしたち人類と協同する可能性があるかというテーマに真摯に向き合っているように見える。

しかし「ＡＩ」と「人類」を絶縁させることで「ＡＩたち」との関係性を探究するこの動向は、結局は支配と被支配、道具と創造者などの二元的な対立関係に回収されてしまうため、緊張関係は長く持続しない、もしくはどちらかが矮小化されていく未来が待っていると予想する。重要なのは、「人類」と「ＡＩ」がどのように実存の領域で互いに創発して発展していくかであり、私はその領域において制作を続けたいと思う。

またリサーチの途中にあって本文中には記述できなかったが、レヴィ＝ストロースの神話解析における類似性や、ユク＝ホイが提案する「宇宙技芸」などに関連した東洋思想の中に見出せるテクノロジーの在り方も、今後のＡＩについて考えるために重要な示唆をもたらしてくれると予想している。また流動的な脱主体の存在論として「襞」をはじめとするドゥルーズの概念についての検討はまだ取り掛かれていない。この辺りについてはまた別の書籍を執筆する機会があれば、詳しく論じてみたい。

本文ではＡＩとの関係性の提示の実践を行う領域を「芸術」という言葉に限ってしまったが、もちろんこれは他の営みでも当てはまる。むしろ本稿で提案した「エイリアン的主体」は人間存在全般に対する関係性の提案であるゆえに、「芸術」に留まらず広い領域において実践され、検証と反論があって然るべきだ。私個人としても、本書では論点がずれるため割愛してしまったが、ミュージシャンやコンテンポラリーダンサーなど他領域のアーティストとコラボレーションすることで、ＡＩの未知性に取り組んできた。特に身体表現の領域はＡＩたちの持ちえない直接的な肉体にダイレクトに言及するため、より豊かなコラボレーションが生まれて然るべきだと思う。また「芸術」に限らず、幅広い領域で「エイリアン的主体」の制作を目撃できることを心から願っている。

わたしたちはこれからの世界をより良きものとして後世に伝えていくために、これまで当たり前とされてきた常識から見つめ直すことを必要とされている。さらにより良い世界のあり方や、見つめ直す課題の範囲など、その根本的に求められている変容はとても射程が広く、途方もないものに思える。私たちは一体どのようにこの惑星において、この宇宙において存在していくのか。それについて、主体性という層から自身を組み替える必要があることは、最も根源的で難解な課題のようにも聞こえる。そういった先行きの見えない未来を展望するための一助として、「ＡＩたち」は遠くの次元からやってきた彗星のようなものなのかもしれない。

まるでわたしたち人類のような顔をしながら、実は全く異なる宇宙からやってきた「未知」なる彼らと、わたしたちは折り重なり、どんな世界を描くことができるだろうか。本著で提案した「エイリアン的主体」は、そういった「未知」と邂逅し、未来を「創造」するためのひとつの実験的な思想的空間を提供するはずだ。本書を読んでくださった皆さんがそれぞれ解釈し、そして共感してくれたら実践して新しい未来の姿を探究してほしいと願っている。

原稿の執筆にあたり、誠文堂新光社の森美和子さんと編集の上垣内舜介さんには大変お世話になった。最後の最後まで一緒に粘って原稿を手直ししてくださり、本当に感謝している。また、文献のリサーチや内容についての具体的なアドバイスを行い、迫力のある挿絵を描いてくれたアーティストの水野幸司、多忙を極める中で魅力的なカバーとデザイン全体を手掛けてくれたデザイナーの八木幣二郎、そしてゲラを読んで適切なアドバイスや指摘をくださった布施琳太郎さん、村山悟郎さん、徳井直生さん、江渡浩一郎さんにもここに深く御礼を申し上げる。

そして、大きな個展の直前にもかかわらず、真っ先に原稿をお読みいただき、また尋常ならぬ力強いコメントを寄せていただいた岡崎乾二郎さんには、改めて厚く感謝の意を示したい。

この世界があらゆる「未知」と出会い、そして未来が数多く花開きますように。

二〇二五年二月七日

岸裕真

岸　裕真

アーティスト。一九九三年生まれ。慶應義塾大学理工学部電気電子工学科卒業。東京大学大学院工学系研究科（電気系工学専攻）修了。東京藝術大学大学院美術研究科（先端芸術表現専攻）修了。ＡＩを「Alien Intelligence（エイリアンの知性）」と捉え直し、人間とＡＩによる創発的な関係「エイリアン的主体」を掲げて、自ら開発したＡＩと協働して絵画、彫刻、インスタレーションの制作を行う。二〇二三年よりほぼすべての制作において、ＡＩモデル「MaryGPT」がキュレーションを担当。主な活動として、個展「The Frankenstein Papers」（二〇二三／DIESEL ART GALLERY）、「Imaginary Bones」（二〇二三／√K Contemporary）など。参加展覧会に「DXP2」（二〇二四／金沢21世紀美術館）、「獣（第2章／BEAUTIFUL DAYDREAM）」（二〇二四／まるかビル」など。他にもファッションブランド「HATRA」とのリサーチベースの作品発表や、バンド「RADWIMPS」「King Gnu」などへのアートワーク提供、音楽家「渋谷慶一郎」の公演「アンドロイド・オペラ」の映像演出など、さまざまなアーティストや企業とのコラボレーションでも注目を集める。受賞歴に「CAF賞2023」入選、「ATAMI ART GRANT 2022」選出など。

編集協力　上垣内舜介

リサーチアシスタント・挿絵　水野幸司

装丁・装画　八木幣二郎

DTP　合同会社プラスアルファ

校正　株式会社　鷗来堂

未知《みち》との創造《そうぞう》

人類《じんるい》とAIのエイリアン的《てき》出会《であ》いについて

2025年 3月17日 発行

NDC007

著者 岸裕真《きしゆうま》

発行者 小川雄一

発行所 株式会社 誠文堂新光社

〒113-0033 東京都文京区本郷3-3-11

https://www.seibundo-shinkosha.net/

印刷・製本 株式会社 大熊整美堂

ISBN978-4-416-72375-3